国家自然科学基金项目(51309100)
国家科技支撑计划项目(2015BAB07B08)

粉砂质泥岩
流变力学特性及应用

于怀昌　著

U0360935

科学出版社

北京

内 容 简 介

本书针对三峡地区巴东组二段(T_2b^2)粉砂质泥岩区挖方高边坡时效变形显著的问题，采用试验研究、理论分析和数值模拟相结合的研究方法，研究粉砂质泥岩的流变力学特性，阐明粉砂质泥岩地层中边坡开挖后流变破坏机理，预测边坡变性发展趋势，为工程防灾减灾提供科学依据。全书主要内容包括：粉砂质泥岩常规力学性质试验研究、岩石蠕变力学特性试验研究与模型研究、水对岩石蠕变力学特性影响、岩石应力松弛特性和挖方高边坡流变破坏机理研究等。

本书可供从事地质工程、岩土工程、水利工程和采矿工程等研究领域的科研人员及高等院校相关专业师生阅读参考。

图书在版编目(CIP)数据

粉砂质泥岩流变力学特性及应用/于怀昌著.—北京：科学出版社，2017.8

ISBN 978-7-03-053858-1

Ⅰ.①粉… Ⅱ.①于… Ⅲ.①泥岩－岩体流变学－研究 Ⅳ.①P588.21

中国版本图书馆CIP数据核字(2017)第139669号

责任编辑：李　雪　冯晓利 / 责任校对：桂伟利
责任印制：张　伟 / 封面设计：无极书装

科学出版社 出版
北京东黄城根北街 16 号
邮政编码：100717
http://www.sciencep.com
北京科印技术咨询服务公司 印刷
科学出版社发行　各地新华书店经销
*
2017 年 8 月第　一　版　开本：720 × 1000　1/16
2017 年 8 月第一次印刷　印张：10 1/2
字数：190 000

定价：98.00 元
(如有印装质量问题，我社负责调换)

前　　言

　　流变是岩石材料固有的力学属性之一，是进行工程长期稳定性预测的重要依据。许多大型岩石工程的服务年限都是几十年甚至上百年，不仅要考虑工程施工期的安全，而且要确保工程运行期的安全，即要考虑岩石的流变效应。因此，岩石流变力学特性的研究对于工程的长期稳定与安全具有重要的理论与实践意义。

　　三叠系中统巴东组二段(T_2b^2)粉砂质泥岩是一种软岩，强度低、变形量大、遇水软化，在三峡地区的秭归、巴东、巫山、奉节等地大面积分布，是三峡地区的"易滑地层"之一。在 T_2b^2 粉砂质泥岩地层工程边坡开挖后，坡体变形随时间不断增加，边坡稳定性差，表明 T_2b^2 粉砂质泥岩流变力学特性显著，在边坡变形过程中起主导作用。因此，查明 T_2b^2 粉砂质泥岩地层挖方高边坡的变形破坏机理，合理描述和揭示岩石与时间相关的力学特性，对于确保粉砂质泥岩地层中边坡工程的长期稳定和安全具有重要的理论意义和工程实用价值。

　　本书以高边坡工程的长期稳定和安全为研究目标，以三峡地区 T_2b^2 粉砂质泥岩为研究对象，采用试验研究、理论分析和数值模拟相结合的研究方法，对 T_2b^2 粉砂质泥岩进行常规单轴、三轴压缩试验、三轴压缩蠕变试验及三轴应力松弛试验，研究了粉砂质泥岩的常规力学性质、蠕变力学特性及应力松弛特性，揭示岩石在三向应力作用下的流变力学特性。基于试验结果，建立岩石的线性黏弹性与非线性黏弹塑性流变本构模型，并将岩石流变力学特性的研究成果应用到高边坡工程实践中，阐明了 T_2b^2 地层中边坡开挖后流变破坏机理，预测边坡变性发展趋势，为工程防灾减灾提供科学依据。书中内容主要包括：线路区地质环境及主要地质灾害、粉砂质泥岩常规力学性质试验研究、岩石蠕变力学特性试验研究、岩石蠕变本构模型、水对岩石蠕变力学特性影响、岩石应力松弛特性、挖方高边坡流变破坏机理研究等方面。

本书由国家自然科学基金项目(51309100),国家科技支撑计划项目(2015BAB07B08)资助。在本书的撰写过程中,得到了华北水利水电大学刘汉东教授、黄志全教授、姜彤教授的悉心指导和大力支持,同时也得到了中国地质大学(武汉)余宏明教授的支持与帮助,在此表示由衷的感谢!

由于作者水平有限,书中不妥之处,恳请各位读者批评指正。

作者

2017 年 4 月

目　　录

前言
第1章　绪论 ……………………………………………………………………… 1
　　1.1　岩石流变力学研究现状 ………………………………………………… 3
　　　　1.1.1　岩石(体)蠕变力学特性试验研究 ………………………………… 3
　　　　1.1.2　岩石蠕变本构模型研究 …………………………………………… 9
　　　　1.1.3　岩石(体)应力松弛特性试验与模型研究 ………………………… 12
　　　　1.1.4　岩质边坡流变研究 ………………………………………………… 14
　　1.2　岩石流变力学特性研究中存在的不足 ………………………………… 18
第2章　线路区地质环境及主要地质灾害 ……………………………………… 20
　　2.1　线路工程概况 …………………………………………………………… 20
　　2.2　气象水文 ………………………………………………………………… 21
　　　　2.2.1　气象 ………………………………………………………………… 21
　　　　2.2.2　水文 ………………………………………………………………… 21
　　　　2.2.3　降雨量 ……………………………………………………………… 22
　　2.3　地形地貌 ………………………………………………………………… 23
　　2.4　地层岩性 ………………………………………………………………… 24
　　　　2.4.1　第四系(Q) ………………………………………………………… 25
　　　　2.4.2　三叠系上统须家河组(T_3xj) …………………………………… 25
　　　　2.4.3　三叠系中统巴东组(T_2b) ……………………………………… 25
　　　　2.4.4　三叠系下统嘉陵江组(T_1j) …………………………………… 26
　　2.5　地质构造 ………………………………………………………………… 28
　　　　2.5.1　褶皱构造 …………………………………………………………… 29
　　　　2.5.2　断裂构造 …………………………………………………………… 30
　　　　2.5.3　节理裂隙 …………………………………………………………… 31
　　2.6　地震 ……………………………………………………………………… 32
　　2.7　主要地质灾害 …………………………………………………………… 32
　　2.8　本章小结 ………………………………………………………………… 34
第3章　粉砂质泥岩常规力学性质试验研究 …………………………………… 35
　　3.1　岩石矿物成分 …………………………………………………………… 35

3.2 岩石物理水理性质 ………………………………………………… 36

3.3 岩石三轴压缩试验 ………………………………………………… 37

　　3.3.1 试样制备与试验方法 ……………………………………… 37

　　3.3.2 岩石应力应变全曲线 ……………………………………… 38

　　3.3.3 强度和围压的关系 ………………………………………… 41

3.4 四线性弹-脆-塑性本构模型 …………………………………… 43

　　3.4.1 基本假设 …………………………………………………… 44

　　3.4.2 理论模型 …………………………………………………… 44

3.5 本章小结 …………………………………………………………… 48

第4章 粉砂质泥岩蠕变力学特性试验研究 …………………………… 50

4.1 试验设备 …………………………………………………………… 51

4.2 加载方式与数据处理方法 ……………………………………… 53

　　4.2.1 加载方式 …………………………………………………… 53

　　4.2.2 Boltzmann 叠加原理 ……………………………………… 54

4.3 试验方法 …………………………………………………………… 55

4.4 试验结果 …………………………………………………………… 58

4.5 岩石蠕变规律 …………………………………………………… 60

　　4.5.1 轴向与径向蠕变规律 ……………………………………… 60

　　4.5.2 蠕变速率规律 ……………………………………………… 61

　　4.5.3 体积蠕变规律 ……………………………………………… 64

　　4.5.4 应力应变等时曲线 ………………………………………… 65

　　4.5.5 长期强度 …………………………………………………… 67

4.6 本章小结 …………………………………………………………… 67

第5章 岩石蠕变本构模型 ……………………………………………… 70

5.1 线性黏弹性蠕变模型 …………………………………………… 71

　　5.1.1 元件模型的选取 …………………………………………… 71

　　5.1.2 Burgers 模型 ……………………………………………… 71

　　5.1.3 Burgers 蠕变模型参数辨识 ……………………………… 76

　　5.1.4 Burgers 模型参数意义及参数选取 ……………………… 78

5.2 非线性黏弹塑性蠕变模型 ……………………………………… 79

　　5.2.1 模型的建立 ………………………………………………… 79

　　5.2.2 非线性 Burgers 模型参数辨识与验证 …………………… 82

　　5.2.3 岩石蠕变模型参数选取 …………………………………… 83

5.3 本章小结 …………………………………………………………… 84

第6章　水对粉砂质泥岩蠕变力学特性影响作用试验研究 ┄ 86

　6.1　试样制备与试验方法 ┄ 86

　6.2　试验结果 ┄ 87

　6.3　干燥与饱水状态下岩石蠕变规律 ┄ 89

　　6.3.1　岩石应变规律 ┄ 89

　　6.3.2　岩石蠕变长期强度 ┄ 90

　6.4　干燥与饱水状态下岩石蠕变本构模型 ┄ 90

　　6.4.1　Burgers蠕变模型与参数辨识 ┄ 90

　　6.4.2　模型参数对比 ┄ 91

　　6.4.3　Burgers模型参数意义 ┄ 92

　6.5　本章小结 ┄ 93

第7章　粉砂质泥岩应力松弛特性试验与模型研究 ┄ 94

　7.1　线性材料蠕变与应力松弛的关系 ┄ 95

　7.2　试验方法及设备 ┄ 96

　7.3　试验结果 ┄ 97

　7.4　岩石应力松弛规律 ┄ 99

　　7.4.1　应力松弛阶段 ┄ 99

　　7.4.2　应力松弛特征 ┄ 99

　　7.4.3　应力松弛速率 ┄ 100

　　7.4.4　松弛残余强度 ┄ 101

　　7.4.5　径向应变与体积应变 ┄ 101

　　7.4.6　松弛模量 ┄ 104

　　7.4.7　应力应变等时曲线 ┄ 105

　7.5　岩石应力松弛本构模型与参数辨识 ┄ 106

　　7.5.1　应力松弛经验模型 ┄ 106

　　7.5.2　应力松弛元件模型的选取 ┄ 107

　　7.5.3　Burgers松弛模型参数辨识 ┄ 107

　　7.5.4　应力松弛元件模型的进一步研究 ┄ 108

　　7.5.5　元件模型的比较研究 ┄ 112

　7.6　本章小结 ┄ 113

第8章　挖方高边坡流变破坏机理研究 ┄ 116

　8.1　FLAC^{3D}软件 ┄ 116

　　8.1.1　FLAC^{3D}简介 ┄ 116

　　8.1.2　FLAC^{3D}中的流变本构模型 ┄ 118

8.2　工程概况 ……………………………………………………… 122

8.2.1　地形地貌 ……………………………………………… 122

8.2.2　地层岩性 ……………………………………………… 123

8.2.3　地质构造 ……………………………………………… 124

8.2.4　水文地质条件 ………………………………………… 125

8.3　边坡模型的建立 ……………………………………………… 125

8.4　边坡初始应力场 ……………………………………………… 127

8.5　边坡开挖弹塑性数值模拟 …………………………………… 129

8.5.1　应力场分析 …………………………………………… 130

8.5.2　位移场分析 …………………………………………… 133

8.5.3　塑性区分析 …………………………………………… 136

8.6　边坡开挖流变数值模拟 ……………………………………… 137

8.6.1　应力场分析 …………………………………………… 138

8.6.2　位移场分析 …………………………………………… 141

8.6.3　塑性区分析 …………………………………………… 145

8.6.4　监测点结果分析 ……………………………………… 146

8.7　本章小节 ……………………………………………………… 149

参考文献 ……………………………………………………………… 150

第1章 绪 论

流变特性是岩石的重要力学特性之一，与岩石工程的长期稳定和安全密切相关。许多重大岩石工程的建设都迫切需要了解岩石的流变力学特性，使工程建设顺利进行，并确保岩石工程在长期运营过程中的安全与稳定。因此，流变力学特性是岩石力学中一个重要的研究课题。

岩石的流变力学特性，一般是指在外部条件作用下，岩石的应力和应变随时间缓慢变化的过程和现象，表现为蠕变、应力松弛、黏性流动、弹性后效、长期强度五方面[1]。研究岩石材料和岩体流变理论的主要内容是寻求其应力应变与时间的本构模型，利用数学描述的材料强度和变形法则来解释导致材料失效而破坏的时间历程及确定有关的材料参数，在此基础上，采用流变力学的方法来解决各类岩体工程中有关强度、变形、稳定和破坏的问题。

大量工程实践与研究表明，岩质边坡工程的破坏与失稳，在许多情况下并不是在开挖后立即发生的，岩体中的应力和变形是随时间不断变化和调整的，其调整的过程往往需要延续一个较长的时期，即边坡从开始变形到最终破坏是一个与时间有关的复杂非线性累进过程[2]。岩石流变是边坡及滑坡产生大变形及失稳的重要原因之一。许多滑坡都是因岩石流变破坏而引起的，并且在破坏前都有明显的加速流变特性。过去国内外对边坡变形破坏的研究只注重荷载的短期效应，较少考虑边坡在荷载长期作用下的时效变形特征。在以往的岩质边坡工程中，不乏因对岩石流变特性研究不够，而导致延误施工甚至工程失败的先例[3]。许多大型工程的服务年限都是几十年甚至上百年，在工程设计中不仅要考虑施工期的安全，而且要确保工程在日后长期运营过程中的安全，即要考虑岩石的时间效应。因此，研究岩石的流变力学特性对边坡变形破坏分析和滑坡预测预报都具有十分重要的意义。

国家重点工程杭州至兰州高速公路是连接我国东、中、西部的重点干线公路。杭兰线巫山至奉节段(K0+000～K59+553.423)，路线贯穿巫山全境和奉节东部，全长约59.553km，是杭兰线的重要组成部分。该线路的建设是实施"西部大开发"战略的需要，是加强长江经济带一体化发展的需要，更是建设三峡库区生态经济区，开发旅游资源，实施移民开发战略，促进三峡脱贫致富的需要。

线路地处三峡库区长江北岸，海拔高程为 100～1600m，沟谷切割深。谷底与山峰之间的相对高差平均在 500m 以上，地形自然坡度一般大于 30°。由于线路所处地区区域地质环境复杂，线路经过地段的地形、地貌复杂多变，因此，挖方高边坡工程较多，边坡高度为 30.1～53.8m。线路区出露地层主要为三叠系下统嘉陵江组(T_1j)碳酸盐岩(灰岩)，巴东组第一段岩层(T_2b^1)碳酸盐岩(泥灰岩夹泥岩)，三叠系中统巴东组第二段(T_2b^2)(粉砂质泥岩与泥质粉砂岩)，第三段岩层(T_2b^3)碳酸盐岩(泥灰岩)。在上述三段碳酸盐岩地层中的高边坡岩体坚固，岩层产状较缓，层间摩擦系数高，未发现软弱夹层，即使是顺层坡，也能满足抗滑稳定的要求，边坡稳定性较好。在三叠系中统巴东组第二段(T_2b^2)粉砂质泥岩区，地层岩性条件较差，坡体开挖后的自稳能力低。由于粉砂质泥岩所具有的特殊工程特性，对高速公路的修建和运营有很大的影响和制约作用，特别是对挖方高边坡的影响更大。在该套地层中挖方形成的工程高边坡稳定性差，在开挖后一段时间，大部分边坡坡体后缘出现裂缝，坡面发育与开挖走向线近平行的裂缝，坡脚隆起，经过加固后的部分边坡防护结构格构梁出现裂缝，坡体的变形随时间增长不断发生变化。这些现象表明巴东组第二段(T_2b^2)粉砂质泥岩具有显著的时效变形特征，流变特性显著，在边坡变形过程中起主导作用。

T_2b^2 粉砂质泥岩是一种软岩，强度低、变形量大、抗风化能力差、遇水软化，在三峡地区的秭归、巴东、巫山、奉节等地大面积分布，是三峡地区的"易滑地层"之一[4]。目前研究人员对 T_2b^2 粉砂质泥岩力学性质的研究集中在常规单轴、三轴压缩试验方面[5-9]，但并没有涉及粉砂质泥岩的流变力学特性，这直接影响到对 T_2b^2 粉砂质泥岩地层中边坡变形破坏机理的定量认识。

坡体在载荷的长期作用下引起的时效渐进式破坏，严重影响到该地层中的工程建设和工程长期运营安全，成为公路建设中的一大难题。为查明挖方高边坡的变形机理，合理描述和揭示岩石与时间相关的力学特性和行为，确保边坡工程在长期运营过程中的安全与稳定，有必要对 T_2b^2 粉砂质泥岩的流变特性进行深入研究。本书采用试验研究、理论分析和数值模拟相结合的研究方法，对岩石的流变力学特性进行深入研究，并将研究成果应用于高速公路挖方高边坡工程实践中，解决实际问题。

工程岩体的长期稳定性是当今岩土工程领域中一个十分重大的前沿问题。流变性质和时效特征是岩石材料固有的力学属性，是进行岩体工程长期稳定性预测的重要依据。对 T_2b^2 粉砂质泥岩的流变特性深入研究，将有助于明确复杂应力状态下岩石流变的力学特性及岩石流变破坏机理，从而为该地区挖方高边坡的长期稳定与安全提供参考依据，深化对该地区边坡失稳机理的认识，为工程防灾减灾提供科学依据。同时也有助于丰富和完善岩石流变力学理论的研究，为其他类型岩石特别是软岩的流变力学特性研究提供一定的参考价值。因此，T_2b^2 粉砂质泥岩流变力学特性的研究具有十分重要的理论价值和工程实用价值。

1.1　岩石流变力学研究现状

本书研究内容主要涉及岩石蠕变、应力松弛力学特性的试验研究和模型研究，岩质边坡流变的研究等内容。以下就这几方面内容国内外的研究现状做简要论述。

1.1.1　岩石(体)蠕变力学特性试验研究

岩石蠕变力学特性的试验研究工作从20世纪30年代就已经开始。Griggs[10]通过对页岩、砂岩和灰岩等岩石的蠕变试验，指出当施加的荷载为破坏荷载的12.5%～80%时，砂岩和粉砂岩等岩石就会发生蠕变。近年来，在室内岩石单轴、双轴及三轴压缩，结构面剪切蠕变的力学特性等研究方面，现场岩体压缩、岩体结构面剪切蠕变力学特性等研究方面均取得了大量的研究成果。本节从岩石材料及岩体的蠕变力学特性试验研究两方面来论述岩石蠕变力学特性的试验研究进展。

1. 岩石材料蠕变力学特性试验研究

在岩石单轴压缩蠕变试验研究方面，Matsushima[11]及 Jeager 和 Cook[12]对大理岩和花岗岩进行了单轴压缩蠕变试验工作。陶振宇和潘别桐[13]进行了石灰岩的单轴压缩蠕变试验，基于试验结果，表明当应力水平为岩石单轴常规峰值强度的50%时，450 天时间内石灰岩试样轴向仅压缩减小了 0.014%，此应力水平对试样的蠕变变形影响非常小。杨建辉[14]对砂岩进行了单轴压缩蠕变试验，分析了砂岩纵向变形以及横向变形的变化规律，并依据相关岩石应力松弛试验中横向变形随时间的变化规律，得出岩石试样内部裂纹的产生和扩展是由于横向变形的不断增加而产生的。徐平等[15, 16]对三峡大坝坝基的花岗岩开展了单轴压缩蠕变试验，基于试验结果给出了岩石蠕变的经验公式，并指出岩石的蠕变存在一个应力阈值 σ_s，当应力水平小于 σ_s 时，岩石的蠕变力学特性可以用广义 Kelvin 模型进行描述，而当应力水平大于 σ_s 时，岩石的蠕变力学特性则可以用西原正夫模型进行描述。王贵君和孙文若[17]对硅藻岩进行了单轴压缩蠕变试验，揭示了岩石的蠕变力学特性，表明硅藻岩层理发育，强度极低，岩石的蠕变量大，与常规强度相比，岩石的长期强度大幅降低。许宏发[18]对软岩进行了单轴压缩蠕变试验研究，结果表明随时间的增加岩石的弹性模量不断降低，与强度一样具有相似的变化规律。金丰年[19]对安山岩进行了单轴压缩蠕变试验，研究结果表明随应力水平的增加，试样单轴压缩的蠕变寿命逐渐缩短，同时通过单轴拉伸与单轴压缩蠕变试验的对比研究，表明在两种试验中随应力水平的增加试样的蠕变寿命的变化规律十分相似。Maranini 和 Brignoli[20]对石灰岩进行了单轴压缩蠕变试验，研究结果表明岩石蠕变的微观机理是由于围压较低时裂隙的扩展及应力水平条件较高时孔隙的塌陷而造成的。张学忠等[21]开展了辉长岩的单轴压缩蠕变试验研究，基于试验曲线拟合得出了辉长岩蠕变的经验公式。王金星[22]对花岗岩分别进行了单轴拉伸蠕变试验和单轴压缩蠕变试验，分析了岩石的各向异性特性对其蠕变速率以及蠕变变形的影响，研究了蠕变变形及应力水平与试样的蠕变寿命之间的关系问题。朱定华和陈国兴[23]对南京地区的红层软岩进行了蠕变试验研究，表明红层软岩的蠕变特性非常显著，红层软岩的长期强度是其单轴常规强度的 63%～70%。赵永辉等[24]对润扬长江大桥基础处的岩石进行了单轴压缩蠕变试验，揭示了岩石的单轴压缩蠕变特性，并采用广义 Kelvin 元件模型来描述岩石的蠕变特性，依据试验曲线对模型参数进行了拟合，得到了岩石的蠕变模型参数，但获得的研究成果仅表明了岩石单向应力状态下的蠕变特性。李铀等[25]对风干和饱水两种状态下的花岗岩分别进行了单轴压缩蠕变试验，研究表明，与风干状态下的花岗岩相比，饱水后花岗岩的长期强度大幅降低，并且饱水后花岗岩的蠕变速率和蠕变量显著增大，因此，饱水后硬岩的蠕变力学特性对于工程实践的影响是不容忽视的。徐素国等[26]在不同的应力水平下，进行了长达 100 多天的钙芒硝盐岩单轴压缩蠕变试验，发现钙芒硝盐岩高应力水平蠕变速率高于低应力水平的蠕变速率，其蠕变速率在初期和后期比较大，并随时间大致呈 U 形分布，与 NaCl 岩盐相比，钙芒硝盐岩蠕变速率及蠕变量均较小。张耀平等[27]采用单轴分级增量循环加卸载方式，对金川有色金属公司Ⅲ矿区软弱矿岩进行流变试验，探讨了软弱矿岩的黏弹塑性变形特性，建立了软岩的非线性蠕变模型。范秋雁等[28]以南宁盆地泥岩为研究对象，进行一系列单轴压缩无侧限蠕变试验和有侧限蠕变试验来分析泥岩的蠕变特性，配合扫描电镜分析了泥岩蠕变过程中细观和微观结构的变化，并提出岩石的蠕变机制。汪为巍和王文星[29]对金川Ⅲ矿区软弱复杂矿岩蠕变特性进行单轴分级增量循环加卸载试验研究，分析了五种岩样蠕变变形和破坏特征及破坏形态。

在岩石多轴压缩蠕变试验研究方面，Fujii 和 Kiyama[30]对砂岩和花岗岩进行了三轴压缩蠕变试验，研究了轴向应变、径向应变及体积应变随时间的变化规律，基于研究结果得出在蠕变试验及常应变速率蠕变试验中，可以用径向应变作为衡量岩石损伤程度的指标。赵法锁等[31, 32]进行了石膏角砾岩三轴压缩蠕变力学特性的室内试验研究工作，指出含水量和微观结构的不同对岩石蠕变力学行为有很大的影响，并对石膏角砾岩试样的破裂断口进行了扫描电镜试验，从细微观角度研究了岩石蠕变破坏的机理。Liao 等[33-35]通过建立三维黏弹塑性蠕变模型研究了软岩的时间效应。Sun[36]通过试验研究了软岩的蠕变力学特性，根据软岩的非线性蠕变特征，建立了统一的三维黏弹塑性非线性蠕变本构模型，并将该模型用于地下洞室流变分析中。陈渠等[37]对三类沉积软岩在不同围压和不同应力比条件下的三轴压缩蠕变特性进行了系统的长期试验研究，研究了在不同条件下三种沉积软岩的强度与变形特征，分析了软岩的蠕变、蠕变速率、时间依存性等特征，为软弱岩体长期稳定性的预测提供了重要的参考价值。刘光廷等[38]对干燥和饱水两种状态下的砾岩采用岩石双轴流变仪进行了多轴蠕变试验，分析了不同含水率和不同围压条件下砾岩的蠕变力学特性，并基于试验结果分析了拱坝的稳定性。万玲[39]采用自行设计的岩石三轴蠕变试验仪开展了泥岩的三轴蠕变试验研究，依据泥岩的蠕变特性建立了岩石的黏塑性蠕变损伤模型。张向东等[40]采用自行设计的杠杆式岩石三轴蠕变试验仪，进行了泥岩的三轴蠕变试验，并依据泥岩的蠕变特性建立了岩石的非线性蠕变模型。刘建聪等[41]采用 XTR01 型微机控制电液伺服岩石试验机，使用分级加载方式完成了煤岩的三轴蠕变试验，应用西原正夫模型建立了岩石的三维蠕变本构方程。徐卫亚等[42, 43]进行了锦屏一级水电站绿片岩的三轴压缩蠕变试验，分析了不同围压条件下岩石轴向应变以及侧向应变随时间的变化规律，通过对绿片岩试样破裂断口的扫描电镜试验，得出了岩石的蠕变破裂机理。范庆忠等[44]采用重力加载式岩石三轴蠕变仪，对山东龙口矿区的含油泥岩在低围压条件下的蠕变力学特性开展了三轴压缩蠕变试验研究工作，研究结果表明含油泥岩的蠕变有起始蠕变应力阀值，低于该阀值时含油泥岩将不发生蠕变，起始蠕变应力阀值与围压之间的关系呈线性变化，随围压的增加而增大，含油泥岩的蠕变破坏应力与围压之间也成比例变化。梁玉雷等[45]对大理岩进行了不同温度及温度周期变化下三轴压缩蠕变试验，研究了大理岩试样在不同温度及温度周期变化下轴向应变随时间的变化规律，分析了不同温度及温度周期变化下岩石蠕变的变形机制。唐明明等[46]对含泥岩夹层盐岩、纯泥岩和纯盐岩 3 种岩心试样进行了不同围压下三轴压缩蠕变试验，分析了其蠕变变形规律。根据 3 种岩样第 2 蠕变阶段的蠕变特性，基于含泥质夹层盐岩试件中泥质夹层的体积分数，推导了含夹层盐岩蠕变力学参数与纯盐岩及纯泥岩蠕变参数的关系。李萍等[47]对川东气田盐岩、膏盐岩进行了蠕变试验，分析了固有的矿物组分及偏应力、温度、围压对蠕变的影响，结合蠕变曲线和岩石参数，提出了稳态蠕变速率本构方程。杜超等[48]通过对湖北云应的盐岩和泥岩，以及江苏金坛盐岩的单轴、三轴蠕变试验结果的分析，研究了包括应力、围压等外在条件以及内部组成结构对盐岩蠕变特性的影响。张玉等[49]对某大型水电工程破碎带软岩开展流变力学试验研究，分析了长期荷载作用下岩石的流变力学特性。刘志勇等[50]利用三轴压缩全过程试验获得进入残余强度阶段的大理岩试件，以此来模拟工程塑性区岩体，并对残余强度阶段的岩石试件进行不同围压下的三轴蠕变试验，系统研究残余强度阶段大理岩的蠕变特性及其长期强度。梁卫国等[51]采用自主研发的多功能岩石力学试验机，进行了轴压 5MPa、围压 4MPa 条件下，不同渗透压 (3MPa，2MPa，1MPa) 作用下的三轴蠕变力学试验，研究了钙芒硝岩在原位溶浸开采过程中的蠕变力学特性。张帆等[52]通过一系列黏土岩的单级三轴压缩蠕变试验，获得 Callovo-Oxfordian (COx) 黏土岩较为精确的蠕变速率阈值范围。该阈值可用于在稳定蠕变阶段判断黏土岩是否会出现加速蠕变破坏。

目前，国内外岩石流变力学特性与本构模型的研究多建立在加载力学基础上的岩石蠕变试验，极少开展卸荷应力路径下岩石蠕变特性的研究。近几年，研究人员开展了不同卸荷路径下岩石蠕变特性方面的研究工作。朱杰兵等[53]以雅砻江锦屏二级水电站引水隧洞大理岩为研究对象，采用不同轴压方案下恒轴压、逐级卸围压的应力路径开展室内蠕变试验。研究了卸围压产生的偏差应力作用下大理岩轴向及侧向蠕变特征。闫子舰等[54]结合锦屏水电站引水隧洞的工程实际，采用恒轴压分级卸围压的应力路径对锦屏大理岩开展了室内三轴压缩蠕变试验。对轴向和侧向蠕变规律的差异进行对比分析，研究了卸荷应力路径下应力状态与岩石蠕变变形的关系。王宇等[55]以典型软岩-泥质粉砂岩为研究对象，进行了不同应力水平下的恒轴压、分级卸围压室内蠕变试验，研究了卸荷条件下岩石的蠕变变性特征。王军保等[56]对盐岩试件进行了恒围压分级增加轴压、恒轴压分级卸围压、恒轴压循环围压三种不同加载路径的蠕变试验，分析了盐岩在不同加载路径下的蠕变变形规律。张龙云等[57]开展大岗山水电站坝区硬脆性辉绿岩的三轴蠕变试验，研究了岩石不同应力路径下加载流变和卸荷蠕变的特征。黄达等[58]以雅砻江锦屏Ⅰ级水电站大理岩为研究对象，开展相同初始高应力状态条件下恒轴压分级卸围压三轴卸荷蠕变试验，研究了分级卸荷量对岩石卸荷蠕变特性的影响作用。

对岩石工程来说，如果工程长期处于恶劣的地质环境条件下，如在渗流场与应力场的长期耦合作用下，岩石的蠕变变形会非常显著，因此研究渗流应力耦合作用下岩石的蠕变特性同样具有重要的理论意义与实践意义。李刚和梁冰[59]进行了不同孔隙水压力条件下软岩蠕变试验，研究了孔隙水压力对软岩蠕变的影响。王如宾等[60]对坝基坚硬变质火山角砾岩进行渗透水压力作用下的三轴流变力学试验。基于试验结果，研究变质火山角砾岩在不同围压下的蠕变特性，并分析岩石蠕变全过程中渗流速率随时间的变化规律。张玉等[61]对某水电站坝基碎屑岩开展渗流-应力耦合作用下的蠕变和渗透特性试验研究，探讨了碎屑岩轴向、侧向及体积蠕变特性和速率变化规律，对蠕变过程中渗流规律和演化机制进行详细分析。对破坏岩样开展微细观电镜扫描试验，研究宏微观破坏机制。万文等[62]以湖北云应盐矿含泥岩夹层的氯化钠盐岩试件为研究对象，进行层状盐岩的蠕变-渗透试验，研究了单轴压缩条件下层状盐岩的蠕变特性与渗透演化特征。江宗斌等[63]以大东山隧道的石英岩为研究对象，进行循环加卸载条件下岩石蠕变-渗流耦合试验，分析了岩石加卸载过程中的蠕变、渗透性变化规律和渗流-蠕变耦合机理，得到了压密阶段、裂纹扩展阶段和裂纹贯通阶段岩石体积应变的发展规律，总结了渗透率与体积应变之间的关系。

2. 岩体蠕变力学特性试验研究

由于岩体中节理、断层及软弱夹层等各种不连续面的存在，导致岩石与岩体力学性质的较大差异。岩体的力学性质受岩体结构所控制，岩体是不连续体，其变形是由岩石的变形以及结构面的变形两部分组成的。

在岩体现场蠕变试验研究方面，Sun 和 Hu[64]对三峡大坝坝基花岗岩进行了劈裂拉伸蠕变试验，研究结果表明花岗岩的蠕变拉伸强度与试验荷载施加速率有关，并进一步分析了水对花岗岩蠕变力学特性的影响。周火明等[65]对三峡工程坝址试验洞内的岩体进行了现场单轴压缩蠕变试验、三轴压缩蠕变试验及剪切蠕变试验，其中岩体的压缩蠕变试验结果表明，室内岩石的蠕变力学特性可以用广义 Kelvin 模型来描述，而现场岩体应变随时间的变化规律与室内岩石蠕变规律是一致的，在低应力水平下仍可以用广义 Kelvin 模型描述现场岩体的蠕变力学特性。同时依据现场岩体的剪切蠕变试验结果，建立了岩体结构面的剪切蠕变模型，并确定了模型参数。徐平等[66]应用柔性板法对溪洛渡水电站坝址区的错动带岩体开展了现场蠕变试验研究工作。徐平等[67, 68]研究了三峡永久船闸高边坡花岗岩微风化岩体的蠕变力学特性，分别进行了现场岩体压缩蠕变、剪切蠕变及结构面剪切蠕变试验，基于试验结果对施工期与运行期时间段内的边坡蠕变变形进行了数值分析。陈卫忠等[69]详细介绍了泥岩现场大型真三轴蠕变试验过程、方法和试验成果，深入分析蠕变变形随时间的变化规律，提出泥岩非线性经验幂函数型蠕变模型及其参数。陈芳等[70]以大岗山水电站坝区辉绿岩现场剪切流变试验数据为基础，分别采用等时应力-应变曲线法、非稳定蠕变判别法和稳态蠕变速率法计算获得坝区辉绿岩的长期剪切流变强度，并进行了对比分析。

在岩体结构面室内蠕变试验研究方面，丁秀丽等[71]对三峡船闸高边坡岩体内的硬性结构面进行了室内剪切蠕变试验，研究了在恒定应力水平作用下硬性结构面的蠕变力学特性，在此基础上建立了结构面的室内剪切蠕变本构模型。杨松林[72]对节理岩体开展了剪切蠕变试验，研究了节理岩体的蠕变力学特性，表明黏聚力对时间的敏感性要高于内摩擦系数对时间的敏感性，与节理短期抗剪强度参数相比，长期抗剪强度参数中的黏聚力降低了 67%，内摩擦系数则降低了 20%。侯宏江和沈明荣[73]对两组不同爬坡角的结构面进行了室内剪切蠕变试验，揭示了规则齿型结构面的蠕变力学特性，得出了结构面的长期强度。Derseher 和 Hnadley [74]对某矿山中的石英岩和火山岩中的结构面开展了剪切蠕变试验研究工作。沈明荣和朱银桥[75]在水泥砂浆试件中生成了规则的齿形结构面，以此来模拟天然岩体中的结构面，并对人工齿形结构面进行了室内剪切蠕变试验，研究了结构面的蠕变规律。李志敬等[76]对大理岩硬性结构面进行剪切蠕变试验。通过对大理岩硬性结构面表面的量测，采用平均粗糙角描述大理岩硬性结构面表面粗糙度情况，分析了不同粗糙度情况下岩样剪切位移与时间的变化规律。沈明荣和张清照[77]对锦屏 II 级水电站含有软弱结构面的大理岩试样进行分级加载剪切蠕变试验，通过对不同法向应力条件下岩体结构面的蠕变力学特性及其规律的研究，以及对结构面剪切蠕变试验过程中的蠕变速率特性进行分析，探讨了软弱结构面的蠕变特性。张清照和沈明荣[78]基于岩石双轴流变试验机得到了具有绿片岩软弱结构面的灰白色大理岩剪切蠕变试验曲线，对绿片岩软弱结构面的长期强度特性和加速蠕变特性进行了研究。

1.1.2　岩石蠕变本构模型研究

经过研究人员几十年的不懈努力，在岩石的蠕变本构模型研究方面，岩石力学与工程界已获得了众多的理论研究成果，本节从岩石蠕变的经验模型、元件模型、损伤模型方面来论述岩石蠕变本构模型的研究进展。

1. 岩石蠕变经验模型

岩石蠕变的经验模型指在一定的试验条件下对岩石进行一定类型的蠕变力学试验，通过试验获取的蠕变曲线，采用各种函数来对试验曲线进行拟合，从中找出拟合程度最高的函数方程作为岩石的蠕变经验模型。由于岩石材料的不同及试验方法的不同，蠕变经验模型有很多类型。一般岩石的蠕变经验模型有如下几种主要类型：对数型、幂律型、指数型及三者基本模型混合而成的方程。吴立新等[79]基于对煤岩蠕变试验结果的分析，表明煤岩的应力-应变-时间之间关系符合对数函数关系，建立了对数型蠕变经验模型。以河北某矿区为例，求解得出了各级应力水平下煤岩的蠕变经验模型所对应的参数值。张学忠等[21]对辉长岩进行了单轴压缩蠕变试验研究，基于岩石蠕变试验成果，对蠕变曲线进行了拟合，得出了辉长岩蠕变经验模型。张春阳等[80]通过金川深部斜长角闪岩单轴压缩蠕变实验，推导了蠕变经验方程，对蠕变试验数据进行回归拟合，拟合结果证明该蠕变经验模型的正确性。刘志河等[81]在分级加载条件下对山东峄城区灰石膏矿岩进行了单轴压缩蠕变试验，采用多项式经验模型描述石膏矿岩前两个阶段的蠕变过程，试验曲线与计算曲线吻合较好，但不能描述第三蠕变阶段的破坏特点。

虽然对于某一具体的蠕变试验，经验模型与试验数据可以吻合得很好，但经验模型一般仅能描述特定应力状态和应力路径下岩石的蠕变力学特性，难以全面揭示岩石的蠕变力学特性及内在机理，如果推广到其他应力状态时常常会产生较大的误差，甚至是错误的结果。经验模型具有直观易懂的特点，易于被工程设计者直接使用，但经验模型不能给出工程所需的蠕变力学参数，因此在工程中不便于应用。

2. 岩石蠕变元件模型研究

岩石蠕变的元件模型是指用弹簧、滑块及阻尼器等元件通过串并联组成的体系来描述岩石的蠕变力学特性，元件不同的组合方式代表了岩石不同的蠕变力学特性。建立元件蠕变模型时，首先要依据试验曲线特征确定所要采用的蠕变模型类型，然后依据岩石蠕变试验数据确定所选蠕变模型中的参数。一般通过模型辨识和参数反演两种方法来获得岩石蠕变模型参数。与经验模型相比，元件模型适应性好，并且对于工程数值分析来说是非常适用的。元件模型中比较常用的有 Maxwell 模型、Kelvin 模型、广义 Maxwell 模型、广义 Kelvin 模型、Bingham 模型、Burgers 模型等。目前，在岩石蠕变元件模型的研究中，线性元件模型的研究成果较多，如彭苏萍等[82]、赵永辉等[24]、沈明荣和朱银桥[75]等。但上述线性元件模型都是由线性元件之间的简单组合而成的，因此模型中无论有多少元件、模型如何复杂，模型最终反映的只是岩石线性黏弹塑性力学特征，对于岩石的加速蠕变阶段则无法描述。由于岩石的加速蠕变具有明显的非线性特征，为描述这一特点，需建立非线性元件模型，即用非线性元件来替换线性元件，并与线性元件通过串并联得到新的非线性元件模型。金丰年和蒲奎英[83]根据岩石蠕变试验的结果，基于对线性黏弹性元件模型的研究，建立了非线性黏弹性元件模型。邓荣贵等[84]针对岩石加速蠕变所表现出的力学特征，给出了一种新的非线性元件-非牛顿流体黏滞阻尼器，并把用于描述岩石减速蠕变与等速蠕变力学特性的线性元件模型与该阻尼器连接起来，提出新的可以描述岩石加速蠕变特性的非线性模型。曹树刚等[85, 86]利用非牛顿流体黏性元件对西原正夫模型进行了改进，提出了改进的西原正夫五元件模型，并建立了五元件模型的一维及三维的本构方程与蠕变方程。韦立德等[87]研究了岩石蠕变过程中黏聚力所起的作用，据此给出了一个新的非线性 SO 元件，用该元件与其他线性元件组合而成新的非线性黏弹塑性蠕变模型。陈沅江等[88, 89]给出了两种新的非线性元件：蠕变体与裂隙塑性体，并将开尔文体(Kelvin)和虎克体(Hooke)与两种非线性元件组合起来，生成了可以描述软岩加速蠕变特性的新的非线性组合蠕变模型。张向东[40]对泥岩进行了三轴蠕变试验，基于试验结果，建立了可以描述泥岩加速蠕变特性的非线性蠕变模型，依据建立的蠕变模型计算了围岩的应力场及位移场状况。王来贵等[90]采用改进的西原正夫模型，基于岩石全程应力-应变曲线与蠕变模型参数之间的关系，提出了新的非线性蠕变模型。赵延林等[91]引入两种非线性元件-裂隙闭合体和非线性牛顿体，并将它们和描述衰减蠕变特性的开尔文体及描述瞬弹性的虎克体相结合，得到了一种新的复合元件流变模型，以研究复杂条件下节理软岩的黏弹塑性变形特性。夏才初等[92]根据卸荷应力路径下锦屏大理岩的流变变形特点，以 Cristescu 本构模型为基础，通过试验结果确定模型参数，并在模型参数的确定过程中考虑卸荷应力路径的影响。所建模型克服了三维元件组合模型不能考虑应力路径影响及不能很好反映侧向流变变形规律的缺点。李栋伟等[93]为反映软岩在卸载状态下的蠕变变形规律，提出了考虑体积变形的 Mogi-Coulomb 屈服面型流变本构力学模型。叶冠林等[94]提出一个全新的黏弹塑性本构模型。该模型以超固结状态与正常固结状态之间的孔隙比差 ρ 为状态变量，并在该状态参量的演化律中引入非齐次函数，使模型能综合描述堆积软岩的应变软化、流变和受中间主应力影响的力学特性。熊良宵和杨林德[95]为构建适合于硬脆岩的流变模型，通过对 Bingham 体中的线性黏滞体进行修正，使其黏滞系数转换为时间、应力的衰减函数，将修正的 Bingham 体与六元件线性黏弹性流变模型组合得到可反映加速蠕变的非线性黏弹塑性流变模型。杨文东等[96]对大岗山水电站坝基辉绿岩三轴流变试验曲线进行整理，分析其典型的流变特性。根据不同应力水平下的蠕变试验曲线，提出由瞬弹性 Hooke 体、黏弹塑性村山体、非线性黏塑性体串联而成的岩石非线性黏弹塑性流变模型。王军保等[97]基于非线性流变力学理论，提出了一种非线性黏滞体，其黏滞系数是所加应力水平和蠕变时间的函数，将非线性黏滞体替换常规 Burgers 模型中的线性黏滞体，建立了可描述盐岩非线性蠕变特性的 MBurgers 模型。

3. 岩石蠕变损伤模型研究

随着固体力学的发展，损伤力学理论也被引入到岩石流变研究中，研究人员从宏观损伤和细观损伤等方面，研究了岩石蠕变损伤演化特征，建立了岩石蠕变损伤模型。

王贵君[98]在 Carter 流变模型基础上，引进损伤提出了"损伤增速界限"的概念，从而建立了一种盐岩流变损伤模型，这种盐岩流变损伤模型，不但能很好地反映高应力水平下盐岩的流变损伤特性，而且也能真实地描述低应力水平下盐岩的初始蠕变损伤和稳态蠕变损伤。韦立德等[99]在对盐岩蠕变试验中所表现的损伤特征认识基础上，利用对应性原理建立了基于细观力学的盐岩蠕变损伤本构模型。范庆忠等[100]以工程实际中广泛应用的元件组合模型为基础，引入非线性损伤、硬化变量代替 Burgers 模型中的线性损伤、硬化变量，建立了一个软岩非线性蠕变模型。陈卫忠等[101]结合金坛储气库盐岩三轴蠕变的研究成果，建立了盐岩三维蠕变损伤的本构方程和损伤演化方程。任中俊等[102]基于不可逆热力学，采用内变量刻画岩石材料的不可逆变形历史，引入四阶损伤张量，建立了盐岩的蠕变损伤本构模型，对盐岩在复杂应力条件下的蠕变行为进行了描述。胡其志等[103]根据统计力学原理，以分形岩石力学为桥梁，对盐岩在温度与应力耦合作用下蠕变特性进行了研究，推导出了考虑围压效应的损伤变量表达式，推导出温度-应力耦合下的盐岩损伤方程。对广义 Bingham 蠕变模型在衰减和稳态蠕变阶段引入一非线性函数，在加速蠕变阶段引入损伤，建立了盐岩考虑温度损伤的蠕变本构关系。高文华等[104]提出反映应力水平和时间因素对弹性模量弱化综合影响的软岩蠕变损伤变量的一般表达式，推导并建立软岩蠕变损伤演化方程，探讨损伤变量随应力水平和时间的变化规律。以 Burgers 模型为基础，建立可考虑参数综合弱化的软岩蠕变损伤本构方程。田洪铭等[105]通过对岩石扩容过程中损伤耗散能变化规律的分析，建立了蠕变损伤演化方程，通过引入蠕变损伤因子对 ABAQUS 软件自带的蠕变模型进行修正，得到了非线性蠕变损伤模型。马林建等[106]通过四种屈服准则对盐岩适用性的对比分析，表明广义 Hoek-Brown 准则能够准确地预测盐岩从拉伸到压缩应力区的强度值，结合不同应力状态下的塑性流动法则建立了完整的盐岩弹塑性模型。进一步考虑盐岩的黏性损伤，基于 Lemaitre 等效应变原理，引入损伤蠕变分量建立了一种能够反映盐岩初始蠕变、稳态蠕变和加速蠕变全过程的黏弹塑性损伤模型，并进行试验验证。易其康等[107]以弹性模量的折减表征循环荷载下盐岩损伤劣化，考虑损伤因子的频率和时间效应，得到统一损伤演化方程，建立了考虑频率影响的变参数 Burgers 蠕变损伤模型。

1.1.3 岩石(体)应力松弛特性试验与模型研究

由于应力松弛试验要求设备具有长时间保持应变恒定的性能，试验技术难度大。因此，岩石应力松弛的试验研究成果相对较少。下面主要介绍单轴、多轴、剪切条件下国内外岩石应力松弛特性试验与模型研究现状。

在岩石单轴压缩应力松弛研究方面，周德培[108, 109]进行了中粒石英砂岩单轴压缩应力松弛试验，分析了岩石的应力松弛特征。基于试验数据，采用双指数函数经验模型描述了岩石的应力松弛行为。李永盛[110]分别对大理岩、粉砂岩、红砂岩及泥岩进行了单轴压缩应力松弛试验，分析了四种岩石的应力松弛规律，得出了存在连续型和阶梯型两种常见岩石应力松弛曲线形态的结论。邱贤德和庄乾城[111]采用杠杆式流变仪分别进行了长山岩盐和乔后岩盐的应力松弛试验，采用回归模型描述了盐岩的应力松弛特征。杨淑碧等[112]对侏罗系砂溪庙组泥质粉砂岩、砂岩进行了单轴压缩应力松弛试验，试验结果表明一段时间后两种岩石的应力趋于某一恒定值，表现出不完全性松弛。Haupt[113]对盐岩的应力松弛特性进行了试验研究，结果表明盐岩应力松弛过程中，盐岩各方向的应变张量为零，侧向应变几乎一直为常数，盐岩的体积应变保持不变。Yang 等[114]采用 MTS 电液伺服岩石试验机进行了盐岩的单轴应力松弛试验，表明在应力松弛过程中，盐岩的横向应变几乎一直保持为常数，即盐岩的体积应变恒定不变，应力最终松弛趋于零。冯涛等[115]对冬瓜山铜矿床中的石榴子石矽卡岩、闪长玢岩、矽卡岩、粉砂岩、大理岩分别进行了峰值载荷后岩石的应力松弛试验，基于试验结果将岩爆划分为本源型与激励型两种类型。唐礼忠和潘长良[116]对矽卡岩和粉砂岩进行了峰值荷载变形条件下的应力松弛试验，分析了岩石应力松弛曲线的形态特征，并进一步分析了岩石弹性模量储存能力和结构完整性对应力松弛时间及应力下降台阶数的影响。刘小伟[117]对引洮工程 7#试验洞泥质粉砂岩和粉砂质泥岩进行了单轴压缩应力松弛试验，采用 Burgers 模型来描述岩石的应力松弛特性。曹平等[118]采用分级增量加载方式，对金川Ⅱ矿区深部斜长角闪岩进行了单轴压缩应力松弛试验，结果表明岩石表现为连续型和非连续阶梯型两种应力松弛特征，并采用西原正夫模型较好地描述了岩石的黏弹塑性特性。张泷等[119]基于 Rice 不可逆内变量热力学理论对岩石蠕变和松弛本质上的一致性问题进行研究。给定余能密度函数和内变量演化方程建立基本热力学方程，通过不同约束条件构建黏弹-黏塑性蠕变和应力松弛本构方程。最后通过模型相似材料单轴蠕变试验和应力松弛试验对模型进行了验证。苏承东等[120]利用 RMT-150B 岩石试验机对煤岩进行单轴压缩分级松弛试验，对比分析了常规单轴压缩与单轴分级松弛条件下煤的变形、强度和破坏的时效特征。刘志勇等[121]分别对平行和垂直片理组的石英云母片岩进行了 720h 的单轴压缩应力松弛试验，分析了片岩的各向异性松弛特性，基于岩石松弛损伤演化规律，建立了 Bingham 流变损伤模型，该模型可以较好地描述岩石的应力松弛行为。

在岩石多轴压缩应力松弛研究方面，李晓等[122]对砂岩开展了峰后三轴压缩应力松弛试验，分析了峰后破裂岩石的应力松弛特性，得出了岩石应力松弛量与应力-应变曲线之间的关系。李铀等[123]对红砂岩分别开展了双轴、三轴压缩应力松弛试验，分析了二向及三向应力状态下岩石的应力松弛行为，得出了多轴应力下红砂岩的松弛规律。基于试验结果，采用改进的 Maxwell 模型较好地描述了岩石的应力松弛特性。熊良宵等[124]在不同应力下对锦屏二级水电站绿片岩进行了双轴压缩应力松弛试验，分析了岩石轴向应力松弛和侧向应力松弛的特征，并采用经验方程拟合了试验数据。Schulze[125]对预变形的 Opalinus 四种黏土岩进行三轴压缩应力松弛试验，分析了黏土岩的应力松弛行为。田洪铭等[126]在 30MPa 围压下对泥质红砂岩进行应力松弛试验，结果表明岩石松弛具有明显的非线性特征，基于对损伤耗散能规律的分析，建立了岩石的非线性松弛损伤模型。田洪铭等[127]开展了围压为 15～35MPa 下泥质粉砂岩的三轴应力松弛试验，研究了围压对岩石应力松弛特性的影响作用，建立了西原正夫模型描述泥质粉砂岩的三轴应力松弛特性，并验证了模型的正确性。

在岩体结构面剪切应力松弛研究方面，周文锋和沈明荣[128]采用水泥砂浆材料模拟规则齿型岩石结构面，进行了不同法向应力下结构面的应力松弛试验，分析了结构面应力松弛规律，并采用 Burgers 模型描述了结构面的应力松弛行为。田光辉等[129]采用水泥砂浆制作成三种不同角度结构面试件进行剪切松弛室内试验，分析爬坡角正应力对剪切松弛特性的影响，利用 Burgers 模型的松弛方程对试验曲线进行拟合，验证了模型的正确性。刘昂等[130]采用水泥砂浆材料，依据 Barton 标准剖面线制作了三种岩石结构面，并对其进行循环加载剪切应力松弛试验，分析了结构面的应力松弛规律，并提出了结构面长期强度的确定方法。田光辉等[131]采用水泥砂浆浇筑成不同角度的结构面试样，利用岩石双轴流变试验机对规则齿形结构面进行不同剪切应力水平下的应力松弛试验，依据松弛曲线特征，考虑模型参数的时间相关性，将黏滞系数看做是与时间有关的非定常参数，建立非线性 Maxwell 应力松弛方程，提出了应力松弛试验确定长期强度的方法。

1.1.4 岩质边坡流变研究

目前对岩质边坡流变的研究成果并不多，但由于对岩石流变力学特性的认识不深入而使工程延误甚至失败的实例举不胜举，意大利瓦依昂（Vajont）库岸破坏就是由于忽视了岩石的流变而导致的[3]。1966 年，在 Lisbon 召开了首届国际岩石力学学术会议，就有学者指出了岩石的蠕变对于边坡的失稳所起的不可忽视的作用，并给出了岩石的蠕变模型。之后的每届国际岩石力学学术会议上，都有许多关于岩石流变力学特性的研究论文。

在初期研究中，研究人员主要基于现场工程地质调查，结合流变学理论，阐明岩质边坡的流变破坏特征。Zischinsky[132]对高边坡的变形应用流变学模型进行描述，研究结果表明高边坡的变形是由岩石的蠕变而引起的。Broadbent 和 Ko[133]促进了试验流变学的发展，试验流变学可以成功地解释工程流变效应，并可以通过试验流变学来控制边坡的流变破坏。Mahr[134]研究表明斜坡深部会产生黏滞性流动，在流动过程中伴随有扩容现象。刘家应[135]研究了黄崖边坡的蠕变特征，对边坡变形随时间的变化曲线进行回归分析，获得了两者之间的关系式，在此基础上给出了几点边坡监测的建议。王士天等[136]在 20

世纪 80 年代就已经关注到了滑坡中岩体的流变现象,通过野外观测发现由于岩层的滑移-弯曲变形逐渐发展而最终导致发生滑坡,在滑坡的形成过程中岩层并不发生折断,而产生强烈的"褶曲",并不能使用传统的弹性分析方法来解释这一现象产生的原因。坡体的变形破坏发展过程与岩体的黏弹性力学特性有直接关系。王思敬[137]依据收集到的几个国内外边坡破坏失稳实例,研究表明这些边坡加速蠕变阶段的蠕变速率是等速蠕变阶段蠕变速率的 10～20 倍,由此得出了边坡工程实例破坏失稳的临界位移速率。Savage 和 Varnes[138]研究表明位于斜坡深部的剪切面会发生塑性流动蠕变。李强和张倬元[139]研究了顺向斜坡岩体的破坏机理,表明不应简单机械地套用传统分析方法来预测此类滑坡的破坏失稳,蠕变将引起顺坡向岩层发生弯曲变形,因此蠕变在滑坡的形成过程中起着重要的作用。赵其华等[140]对向阳坪滑坡复活体的蠕滑进行了动态分析研究。郑哲敏[141]指出岩石与土作为大坝或建筑物的基础时,在荷载的长期作用下由于发生流变而产生的岩土力学问题,用目前的连续力学理论是无法解决上述问题的,必须构建适合地质学特点的新的力学理论。Deng 等[142]对黄土坡滑坡的形成机理进行了研究,研究结果表明由于黄土坡深部岩石的缓慢蠕变使岩层发生褶皱,导致了滑坡的形成。Furuya 等[143]研究了 Shikuko 岛上 Zentoku 滑坡的蠕变特征,指出剪切带被地下水侵蚀是滑坡产生蠕变的直接原因。陈沅江等[144]对层状岩质边坡的蠕变破坏进行了系统研究,根据研究结果将层状岩质边坡划分成五种不同的蠕变破坏类型。Qi 等[145]研究了清江隔河岩水库蓄水后茅坪滑坡的蠕变特性、成因机理和变形发展趋势。

随着研究的进展,研究人员主要基于室内或者现场试验结果,建立相应的流变模型来进行岩质边坡的流变分析。刘晶辉等[146]研究表明边坡稳定受软弱夹层的控制作用十分明显,对软弱夹层进行了流变试验和理论研究,在此基础上给出了软弱夹层长期强度的几种确定方法。孙钧和凌建明[147]对三峡船闸高边坡中的花岗岩进行了扫描电镜试验,从微细观角度研究了花岗岩的蠕变损伤特性,应用细观损伤力学理论,研究了岩石细观蠕变损伤对船闸高边坡稳定的影响。周维垣等[148]对岩石边坡的卸荷和流变作了非连续变形分析。指出边坡在卸荷情况下,岩体的变形分析应考虑开裂等非连续变形。对其流变变形也应考虑开裂和裂隙扩展机制进行计算才能得到岩坡的大变形与真实变形。常规弹塑性分析一般只能得到小变形,与实测值往往对应不起来。徐平等[149,150]和夏熙伦等[151]对三峡花岗岩进行了压缩蠕变试验,对岩体结构面进行了剪切蠕变试验,并结合由监测资料反演得到的岩石蠕变参数,分析了三峡船闸高边坡岩体的蠕变特性及高边坡的长期稳定性，研究了岩体蠕变参数的敏感性。徐平和周火明[152]对三峡工程船闸高边坡的典型剖面，在试验确定的边坡岩体开挖卸荷带及其参数的基础上，对边坡进行了施工开挖卸荷效应的流变稳定性分析。周火明等[65]对三峡永久船闸高边坡的裂隙岩体进行了现场蠕变试验，分析了边坡裂隙岩体的蠕变力学特征，将现场蠕变试验与室内岩石蠕变试验及位移反分析三种途径得出的成果进行对比研究，在此基础上建立了永久船闸高边坡岩体的蠕变模型，确定了模型参数，基于试验研究成果采用数值模拟手段对船闸开挖后高边坡的长期变形特性进行了研究。刘晶辉等[153]指出边坡的变形主要是由软弱夹层的蠕变变形而引起的，对泥化夹层蠕变特征的研究是分析边坡变形的一种非常重要的手段。杨天鸿等[154]对抚顺西露天矿边坡的软弱夹层进行了室内流变试验，依据试验结果建立了力学模型，并以该边坡工程为例，分析了边坡蠕变规律，研究了边坡的破坏机制，对不同工况下边坡的动态稳定性进行了评价。丁秀丽等[155]对岩石进行了室内压缩蠕变试验，基于试验结果建立了岩石的蠕变本构模型，求解得出了模型参数，并将研究成果应用于水布垭马崖高边坡工程的蠕变变形分析中。张天军[156]指出层状直立边坡的屈曲失稳与岩体的流变性质密切相关。针对直立顺层边坡在开挖成形后会产生向临空面的变形，考虑岩体材料的流变特性，应用三参量黏弹性固体模型，分析了直立边坡的流变屈曲失稳特性。王志俭等[157]对万州二层岩滑坡的砂岩进行蠕变试验，试样在破坏前经历约 8h 的加速蠕变阶段，这与现场观察到的近水平滑坡破坏变形特点非常相似。通过研究初步得出了万州近水平滑坡的形成机制。王永刚等[158]以襄十高速公路韩家垭滑坡为背景，结合非线性蠕变模型建立考虑岩层弯曲蠕变特性的时效变形方程及平面应变条件下反翘弯曲岩层的蠕变压屈方程，对双层反翘滑坡的弯曲蠕变及变形破坏机制进行深入阐述，提出根据岩层反翘弯曲蠕变的变形速率进行滑坡稳定性评价及预测的方法。张强勇等[159]建立一个变参数的蠕变损伤本构模型，推导该蠕变损伤本构模型的三维差分表达式，并通过 C++与 FISH 编程对有限差分软件 FLAC^{3D} 进行二次开发。将该模型应用于大岗山水电站坝基边坡工程，基于现场压缩蠕变试验，反演坝区岩体的蠕变损伤参数，通过坝区边坡开挖三维蠕变损伤稳定性计算，获得对边坡开挖设计和施工具有指导意义的结论。谭万鹏等[160]以重庆云阳凉水井滑坡工程为背景，采用考虑蠕变特性的强度折减法，从宏观观测现象分析、监测位移趋势分析和数值模拟分析三个方面，研究了滑坡变形破坏机理。刘造保等[161]以边坡岩土体蠕变理论为基础，结合锦屏一级水电站边坡安全监测情况，重点分析了边坡变形时效特性。根据室内岩石三轴压缩蠕变试验结果，得到的岩石进入加速流变阶段的流变速率极限值，确定了边坡变形速率阀值，制定了边坡进入加速变形-破坏阶段的综合预警判据。杨根兰和黄润秋[162]根据考虑蚀变岩体流变特性的黏-弹-塑性本构模型，对水库蓄水运行期抗力体边坡应力、形变场等特征进行了三维数值模拟研究。研究表明，坝肩抗力体在蓄水 6 个月后"三次应力场"基本形成，即此时抗力体处于最危险状态，可能会出现蚀变岩带与断层交叉部位的局部破坏。潘晓明等[163]在西原正夫模型的基础上，引入非线性Bingham 黏塑性元件与 Kelvin 元件，建立能完整反映蠕变全过程的非定常西原正夫黏弹塑性流变模型。编制相应的黏弹塑性流变模型程序。采用该模型对岩石边坡进行流变数值分析，在较大堆载下边坡顶点进入加速蠕变阶段，达到破坏状态。中点和底点处于低应力状态，为黏弹性阶段，位移趋于稳定。蒋海飞等[164]基于 FLAC^{3D} 的 Cvisc 模型，采用考虑岩土蠕变特性的强度折减法对十堰某建筑场地边坡进行稳定性计算，得到了监测点在不同折减系数下的蠕变曲线。对蠕变曲线的位移变化规律进行分析，确定了边坡工程的长期稳定性系数。与传统强度折减法进行比较，结果表明岩土体蠕变特性不利于边坡的长期稳定，建议采用稳定性系数 1.18 作为边坡支护的设计参数。李海洲等[165]以新疆华宏矿业投资有限公司北山露天煤矿边坡砂质泥岩为对象，采用西原正夫蠕变模型得到砂质泥岩的蠕变方程和松弛方程，结合 Hoek-Brown准则反演了砂质泥岩弱层岩体的时变强度参数。应用 FLAC^{3D} 有限差分模拟软件，对北山煤矿首采区非工作帮边坡进行动态稳定性分析。结果表明由于砂质泥岩弱层强度参数随时间不断减小，边坡安全系数随之降低。王如宾等[166]为充分掌握锦屏一级水电站左岸坝肩高边坡长期稳定性，建立了含断层 f_5、f_8、f_2、f_{42-9} 和煌斑岩脉等软弱结构面的地质力学模型，并采用西原正夫模型及有限差分数值计算方法，模拟正常蓄水位下左岸边坡岩体的长期力学行为。马春驰等[167]引入反映节理分布的初始损伤张量及一种等效的依据黏塑性偏应变推导出的损伤演化方程，建立了一种新型的节理岩体等效流变损伤模型。将此模型用于川东红层某软硬岩互层型路堑边坡的卸载流变分析。计算结果较好地反映了边坡变形、损伤发展与动态稳定性特征。李连崇等[168]基于对岩体流变特性的认识，通过引入岩体细观表征单元体的强度退化模型，开展岩质边坡的时效变形与破坏特征的研究。首先模拟了含顺坡软弱结构面边坡的时效破坏模式，分析了软弱结构面分布和强度劣化特性对边坡长期稳定性的影响。其次对一含有明显的软弱结构面的软硬互层岩质边坡，进行了时效变形破坏的实例分析。由于岩体的流变特性，岩体强度参数随时间的推移而逐渐衰减，致使边坡稳定程度降低。王新刚等[169]对西藏邦铺矿区花岗岩岩样进行不同法向应力下的剪切流变试验。进而提出了一种改进的 Burgers 剪切流变模型，并利用该流变模型辨识的参数，应用于西藏邦铺矿区开挖边坡长期稳定性分析。结果表明开挖边坡稳定性分析时，考虑流变长期作用后，开挖边坡中部台阶区域位移变大，应力也发生变化，应加强该区域的支护和预警措施。程立等[170]提出岩质高边坡长期变形对拱坝安全的影响分析方法，采用黏弹-塑性流变本构模型，计算锦屏一级左岸边坡在运行期的长期变形。以此变形为基础，引入极限分析的思想，提出基于边界位移法和变刚度的强度折减法，分析评价了边坡变形对拱坝的影响。

1.2　岩石流变力学特性研究中存在的不足

1. 岩石蠕变特性的试验研究

由于试验设备及控制等方面的原因，目前国内外对岩石三轴压缩蠕变试验研究成果相对较少。已有的三轴压缩蠕变试验研究成果，也主要集中在轴向变形与时间之间的关系，而很少考虑径向变形及体积变形与时间之间的关系。三轴蠕变试验研究成果大部分均是针对盐岩、花岗岩及煤岩等。对于三峡地区大面积分布的 T_2b^2 粉砂质泥岩，目前的研究还以常规单轴、三轴压缩、剪切试验为主。

2. 非线性蠕变本构模型理论

岩石蠕变本构模型的建立是岩石流变力学中最基本的研究课题，也是一个非常活跃的研究方向。元件组合模型可以用直观的方法反映出岩石复杂的蠕变力学特性，有助于从概念上认识岩石变形的弹性、黏性及塑性分量。从已发表的相关研究成果来看，对岩石蠕变力学特性的研究主要集中在线性元件模型理论方面，存在以下两方面的问题：①线性元件模型只能反映岩石的线性蠕变特性，对于岩石的非线性蠕变特性则无法进行描述，而岩石蠕变往往又是非线性的，特别对于软岩这一特征表现得更为明显；②线性元件模型只能描述岩石的衰减蠕变与稳定蠕变特性，无法反映岩石的加速蠕变特性，即无法描述岩石的破坏特征。目前，研究者已经认识到准确描述岩石非线性蠕变特性的重要性，开展了这一方面的研究工作，并且提出了一些可以描述岩石加速蠕变特性的非线性元件模型，但总体来说这一方面的研究仍不完善，有待于进一步开展深入研究。

3. 岩石应力松弛特性的试验与理论研究

与土体的应力松弛特性试验研究成果相比，岩石这一方面的研究成果相对较少。而现有的岩石应力松弛试验研究，主要集中在盐岩及金属矿山硬岩岩爆方面，而对于其他类型岩石应力松弛特性的试验研究成果还非常少。同时，岩石应力松弛本构模型理论及工程应用等方面的研究还不成熟，有待于进一步深入研究。工程实践表明，在岩石工程中，应力松弛现象相当普遍，如边坡、地下洞室、巷道等，许多工程都是由于岩石的应力松弛而导致破坏，岩石材料的抗松弛性能对于工程的长期安全同样具有重要的影响作用。因此，有必要开展更多的岩石应力松弛试验与理论研究工作，以进一步完善岩石流变力学的研究。

4. 岩质边坡的流变研究

岩质边坡工程的破坏与失稳，许多情况下并不是在开挖以后立即发生的，岩体应力与变形随时间不断调整，其调整一般需要延续一个较长的时间。边坡从开始变形到最终破坏是一个与时间有关的复杂的非线性累进过程。而目前对岩质边坡开挖后的变形破坏分析中，主要以弹塑性分析为主，一般把岩体作为弹塑性体来考虑，采用弹塑性本构模型来模拟坡体物质，较少考虑边坡岩体的时效变形特性，分析结果偏于安全，将会给工程带来安全隐患。因此，结合岩石流变试验，开展边坡开挖后的时效变形特征研究，这对于工程的长期安全与稳定是非常重要的。

第 2 章　线路区地质环境及主要地质灾害

本章通过对杭兰高速公路巫山至奉节段线路区的气象水文、地形地貌、地层岩性和地质构造等的阐述，了解线路所处的区域地质环境，并对高速公路沿线的主要地质灾害进行简要介绍，重点阐明了 T_2b^2 粉砂质泥岩地层中挖方高边坡工程易产生变形破坏的原因。

2.1　线路工程概况

国家重点工程杭州至兰州高速公路是连接我国东、中、西部的重点干线公路。杭兰线巫山至奉节段(K0+000～K59+553.423)，全长约 59.553km，路线贯穿巫山全境和奉节东部，东起湖北重庆两省(市)交界点火烧庵，经楚阳，跨木瓜溪、白子溪、大宁河，穿渝巴公路，经金家沟、詹家湾进入奉节县境，跨石马河、经七里堰、学堂坪至本段终点青莲铺(大马口)，总体走向呈东西向，如图 2.1 所示。该线路的建设是实施"西部大开发"战略的需要，是加强长江经济带一体化发展的需要，更是建设三峡库区生态经济区，开发旅游资源，实施移民开发战略，促进三峡脱贫致富的需要。

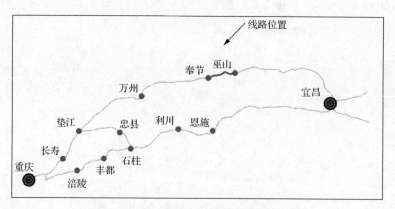

图 2.1　杭兰线巫山至奉节段线路示意图

2.2　气　象　水　文

2.2.1　气象

线路区地处亚热带湿润季风气候区，其特点是春早、夏热、秋凉、冬暖多雾，四季分明，无霜期长，光照适宜，雨量充沛，风速较小。多年平均气温 16.5℃，历年最高气温 43.1℃（7 月份），常年日照 1639.1h，最低气温−9.2℃（1 月份）。高山地区偶有霜冻、冰雹等袭击。春天回春早，但不稳定，常出现低温阴雨及寒潮；夏季长，气温高，降雨量多而集中，间有洪涝，且多伏旱；秋季气温下降快，常阴雨连绵；冬季短，气候温和而少霜雪。年平均气温 18.4℃，极端最高气温 41.2℃（7 月份），极端最低气温−6.9℃（1 月份）。

2.2.2　水文

工作区处于长江流域三峡库区内，库区水位的抬高，路线方案将受到一定的影响。这是该段公路建设的重要特点。

1. 长江

该段河流均属长江上游水系。长江洪水主要由暴雨形成，其规律与暴雨发生规律相应。长江干流洪峰流量一般出现在 6~9 月份，7~8 月份出现机遇较大。其特点是峰高、量大、持续时间长。

2. 三峡水库

三峡水库建成蓄水后，将影响该段河流的水文气象条件。三峡水库大坝工程按一次建成最终规模，分期蓄水逐步抬高至正常蓄水位 175m（吴淞高程，下同），工程从 1993 年开工，至 2003 年水库水位蓄至 135m（泗水位已达139m），工程开始发挥发电、通航效益；至 2007 年水库蓄至初期蓄水位 156m；至 2009 年建成最终规模。

3. 长江支流

路线区内主要长江支流为大宁河，其通航等级有与三峡枢纽相应的通航规划。大宁河位于长江左岸，距三峡大坝 124.3km。大宁河古名盐水、巫溪水，亦名昌江。发源于巫溪县境内，自北向南于龙溪乡进入巫山县境内，流经水口、大昌、洋溪、双龙、秀峰注入长江。流域面积为 343.5km²，落差为

90.7m。多年平均流量为 98.4m³/s，河床比降为 1.6‰。沿途接纳孝子溪、福田河、红岩河、马渡河等支流。

区内地表水属长江水系，主要河流均为长江北岸支流，除上述支流外，还有石马河等河流及一系列横向溪沟，总体流向由北向南汇入长江。呈蛇曲状弯曲的 U 形谷或 V 形谷溪沟，大多常年有水，少量次级支沟为季节性流水沟，支沟沟床堆积层较薄，长江一级支流河床堆积层最厚可达 30m 以上。区内沟谷岸坡一般为 20°～40°，坡面植被零星覆盖，主要为灌木、杂草；表层覆土较薄，厚度一般为 0～2m，局部厚达 5～10m，多为耕地，基岩出露较好。

2.2.3　降雨量

三峡库区多年平均降雨量及连续最大降雨量的空间分布情况如图 2.2、图 2.3 所示。

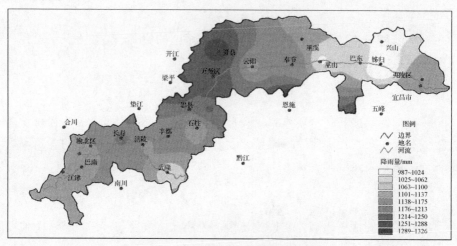

图 2.2　三峡库区多年平均降雨量[173]

从图 2.2 可以看出，三峡库区多年平均降雨量都在 987mm 以上，大部分地方降雨量为 1100～1326mm，说明该地区降雨量较大。其中巫山、奉节地区多年平均降雨量为 1025～1175mm。从图 2.3 可以看出，三峡库区连续最大降雨量都在 210mm 以上，大部分地方最大降雨量为 250～400mm，其中巫山、奉节地区连续最大降雨量为 286～355mm。

从以上降雨的空间分布云图可以看出，巫山、奉节地区多年平均降雨量超过 1025mm，连续最大降雨量超过 280mm，因此，该地区的降雨量与降雨强度都比较大。

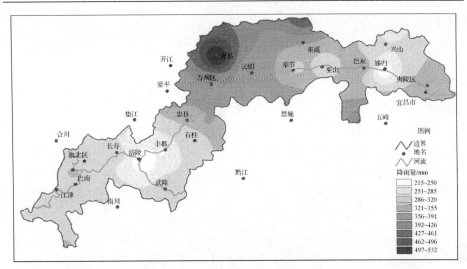

图 2.3　三峡库区连续最大降雨量[173]

　　丰沛的降雨和高强度暴雨是引起斜坡变形破坏的重要动力因素之一。据
资料统计，特大型灾害性滑坡，暴雨及冰雪消融型占 60%，地震型占 15%，
地震暴雨型占 10%，人为因素占 10%，原因不明占 5%。在具备滑坡的地势、
地质的客观条件下，降雨在很大程度上则是山地滑坡发生的激发条件，降雨
类型的滑坡约占滑坡总数的 70%。对四川盆地红层碎屑岩层中暴雨滑坡的研
究认为，发生大量集中性滑坡及特殊暴雨型滑坡的临界暴雨强度为
200mm/d[171]，而巫山、奉节地区处于降雨强度大于临界值的暴雨区。

2.3　地形地貌

　　线路区地处三峡库区长江北岸，位于重庆市东北部，地貌形态受地质构
造、岩性控制明显，山岭总体走向近东西，与地层走向及区域构造线基本一
致，沿线地形起伏较大，山岭连绵，地形陡峭，山势雄伟，线路展布区地貌
可以划分为低山、中低山、丘陵地貌。其中，中低山地区山脉海拔为 500～
1000m，切割深度一般为 300～500m；低山丘陵区海拔为 400～600m，相对
高差小于 200m；丘陵区海拔低于 500m，相对高差 100m 左右。线路区海拔
高程多为 200～1200m，最低处为大宁河河谷，海拔高程 90m，最高处为摩天
岭，海拔高程大于 1600m，区内最大相对高差大于 1500m。总体属于构造侵
蚀、剥蚀、溶蚀中低山地貌区。

2.4　地层岩性

公路沿线覆盖层薄，岩层广泛出露，由于线路走向基本与地层走向平行，故线路上出露地层层位较少，且同一地层在线路上不同部位重复出露。根据地表调绘和钻探揭露，沿线岩石地层从起点到终点，年代由新到老，从三叠系上统须家河组(T$_3$xj)到三叠系下统嘉陵江组(T$_1$j)，由碎屑岩到碳酸盐岩，各时代地层为整合接触，属于一个构造层。根据 1:200000 区域地质资料，路线所在地区区域地层如表 2.1 所示。地层由新至老分述如下：

表 2.1　杭兰线巫山至奉节段地层简表

界	系	统	组	段	地质年代	地层代号	柱状图	厚度/m	岩性描述
新生界	第四系	全新统			Q_4^{al+pl}	I$_1$		0~30	灰色、黄灰色、黄褐色，由次棱角状或次圆状块石、卵石及少量砾砂组成；河谷中主要为卵石、砾砂，卵石粒径一般为50~100mm，最大可达150mm以上，松散-中密状
		更新统			Q_P^{el+dl} Q_P^{c+dl}	I$_2$		0~10	黄灰色、褐黄色、紫红色，由块石土、碎石土、角砾土及亚黏土、亚砂土组成，结构松散
中生界	三叠系	上统	须家河组		T$_3$xj	II		≈110	灰-灰白色薄层粉砂岩、石英砂岩、炭质页岩，中部夹数层煤层，与下伏巴东组呈平行不整合接触
		中统	巴东组	第五段	T$_2$b^5			≈18	浅-灰黄色厚层微晶白云岩，夹泥质白云岩，顶部为浅灰色厚层生物屑微晶灰岩
				第四段	T$_2$b^4	III		≈470	紫红色厚层粉砂岩夹细砂岩，中、下部为紫红色厚层黏土岩、含灰质粉砂岩、黏土岩夹微晶灰岩
				第三段	T$_2$b^3	IV		≈392	浅灰色薄-中厚层含黏土质微晶灰岩、黄绿色薄-中厚层微晶白云岩及溶崩角砾岩，上部夹细砂岩及黏土岩
				第二段	T$_2$b^2	V		≈417	紫红色黏土质粉砂岩和紫红色含灰质、粉砂质黏土岩，二者呈不等厚互层，时夹泥灰岩、细砂岩和泥岩条带
				第一段	T$_2$b^1	VI		≈116	以灰白色为主的微晶白云岩夹溶崩角砾岩及黑色膏泥透镜体，顶部为灰绿色页岩及薄层泥灰岩
		下统	嘉陵江组	未分段	T$_1$j	VII		≈798	灰色中厚至厚层状致密灰岩夹泥质灰岩，上部及下部各夹一套肉红色白云质灰岩、角砾状灰岩，具条带状构造及缝合线构造

注：由新至老地层代号为 I~VII，其中第四系覆盖层为 I，黏性土为 I$_1$，碎石土为 I$_2$，基岩为 II~VII。

2.4.1　第四系（Q）

1. 崩坡积层（Q^{c+dl}）

零星分布于灰岩、泥灰岩形成的陡崖下及陡坡带，如溪沟河岸坡陡坡带、隧道进出口仰坡、侧坡陡坡带等地。主要为巴东组泥灰岩、嘉陵江组灰岩沿节理裂隙崩塌形成。由块石土、碎石土组成，颜色为黄灰色、灰色、杂色，石质成分主要为泥灰岩、灰岩，次为砂岩，呈棱角状、次棱角状，结构松散，稍湿-湿，厚度不均匀，一般为 3～6m。

2. 残坡积层（Q^{el+dl}）

广泛分布于斜坡坡面及坡脚地带，主要由碎石土、角砾土及亚黏土、亚砂土组成，颜色为黄灰色、褐黄色、紫红色，粗粒成分多为附近母岩岩质碎块，成分以砂岩、泥岩、泥灰岩为主，呈棱角-次棱角状，石质间充填亚黏土、亚砂土；亚黏土、亚砂土多分布于缓坡地带，多为耕地，结构松散，稍湿-湿，结构较均匀，厚度为 0～2m，局部可达 5m 以上。

3. 冲洪积层（Q^{al+pl}）

主要分布于大宁河、石马河河床、漫滩、心滩、阶地地带，在较大的次级横向冲沟（溪沟河、楚阳河）沟床地带亦有分布。岩性主要为次棱角状洪积块石或次圆状卵石及少量砾砂组成；河谷中主要为卵石、砾砂，卵石粒径一般为 50～100mm，最大可达 150mm 以上。呈灰色、黄灰色、黄褐色，呈次圆状、圆状。松散-中密状，潮湿-饱和，结构不均匀，厚度不稳定，一般为 3～5m，石马河最厚达 15.40m。由于三峡水库蓄水至 139m 水位，长江一级支流如大宁河等河流漫滩、心滩已多被淹没，推测其厚度 10～20m。

总体而言，第四系松散堆积物分布范围较小，厚度变化较大。

2.4.2　三叠系上统须家河组（T_3xj）

岩性为灰-灰白色薄层粉砂岩、石英砂岩、炭质页岩，中部夹数层煤层，与下伏巴东组呈平行不整合接触。仅分布于大风口隧道上部 K13+650～K15+300 段，风化剥蚀较为强烈，岩层较完整局部破碎。

2.4.3　三叠系中统巴东组（T_2b）

将该组划分为五段，具有三红两白二灰的特点。即：

巴东组第五段(T_2b^5)：浅色-灰黄色厚层微晶白云岩，夹泥质白云岩，顶部为浅灰色厚层生物屑微晶灰岩。

巴东组第四段(T_2b^4)：紫红色厚层粉砂岩夹细砂岩，中、下部为紫红色厚层黏土岩、含灰质粉砂岩、黏土岩夹微晶灰岩。

巴东组第三段(T_2b^3)：浅灰色薄-中厚层含黏土质微晶灰岩、黄绿色薄-中厚层微晶白云岩及溶崩角砾岩，上部夹细砂岩及黏土岩。

巴东组第二段(T_2b^2)：紫红色泥质粉砂岩和紫红色含灰质、粉砂质泥岩，二者呈不等厚互层，时夹泥灰岩、细砂岩和泥岩条带。

巴东组第一段(T_2b^1)：以灰白色为主的微晶白云岩夹溶崩角砾岩以及黑色膏泥透镜体，顶部为灰绿色页岩及薄层泥灰岩。

分布于线路区大部分地段，与下伏地层呈整合接触。属浅海碳酸盐岩-碎屑岩混合相沉积，属半坚硬-软质岩石，受构造影响，节理较发育，岩层破碎，风化较强烈。

2.4.4　三叠系下统嘉陵江组（T_1j）

岩性为灰色中厚至厚层状致密灰岩夹泥质灰岩，上部及下部各夹一套肉红色白云质灰岩、角砾状灰岩，具条带状构造及缝合线构造。沿层面及裂隙具溶蚀现象，垂直岩溶发育带深部可能发育溶洞。层间结合较好，单层厚度大，全组地层总厚为 740～1115m。属滨湖-浅海相碳酸盐沉积，为硬质岩石。

各类岩石强度试验值统计如表 2.2 所示[173]。

表 2.2　岩石强度试验值统计表

序号	岩石名称	岩石组数(组)		统计指标	天然密度 $\rho/(kg/m^3)$	单轴极限抗压强 P_c/MPa	
		天然	饱和			天然	饱和
1	灰岩	69	2	最大值	2.75	134.60	66.70
				最小值	2.70	5.40	30.10
				平均值		61.10	
				标准偏差		19.50	
2	泥质灰岩	260	61	最大值	2.64	109.80	107.40
				最小值	2.50	4.40	7.70
				平均值		38.50	29.60
				标准偏差		15.40	15.00

续表

序号	岩石名称	岩石组数(组)		统计指标	天然密度 ρ/(kg/m³)	单轴极限抗压强 P_c/MPa	
		天然	饱和			天然	饱和
3	泥灰岩	130	35	最大值		101.00	63.40
				最小值		3.90	4.10
				平均值	2.61	25.00	19.40
				标准偏差		13.40	12.00
4	泥质粉砂岩	149	28	最大值		87.80	47.50
				最小值		5.60	6.20
				平均值	2.61	29.10	26.30
				标准偏差		13.20	35.40
5	粉砂质泥岩	121	43	最大值		44.20	27.10
				最小值		4.00	2.80
				平均值	2.53	15.50	9.50
				标准偏差		6.80	5.00
6	粉砂岩	40		最大值		132.60	
				最小值		19.60	
				平均值		64.80	
				标准偏差		28.20	
7	泥岩	34	2	最大值		33.70	4.80
				最小值		0.90	2.60
				平均值		10.10	
				标准偏差		6.90	
8	溶崩角砾灰岩	7		最大值		64.00	
				最小值		4.20	
				平均值		22.30	
				标准偏差		20.30	

对线路区岩土体地震折射波纵波速度 V_P 进行了统计如表 2.3 所示。

表 2.3　岩土体地球物理性质统计表

序号	纵波速度 V_p/(km/s)			岩性特征
	最小值	最大值	一般值	
1			<500	卵砾石、土层
2	650	1300	1000	碎石土、土层
3	2400	4000	3000	泥灰岩夹砂岩、泥岩
4	1600	3000	2400	泥岩、砂岩夹泥灰岩
5	3000	5000	4000	灰岩

2.5　地质构造

　　线路区所处的一级构造单元为新华夏系第三隆起带和第三沉降带之结合部位，属四川沉降褶皱带之川东褶皱带的一部分。线路经过区域内褶皱发育，断裂构造较少，总体构造线方向为北东—北东东向。线路区北侧为大巴山北西向弧形构造带前缘，南侧主体褶皱为横石溪背斜；线路区线路总体走向为北东向，与主体构造线方向近于一致，线路斜穿大巴山北西向弧形构造带前缘与横石溪背斜之间的齐耀山背斜、巫山向斜。齐耀山背斜两侧次级褶皱发育，呈左行雁列式排列，构造较复杂。

　　区内无火成岩、变质岩分布，构造运动主要表现为明显的升降运动，燕山期前各构造层均为整合及假整合接触；燕山晚期褶皱构造显著。构造形式以褶皱变形为主。主要断裂同褶皱的形成密切相关，即发生应力集中部位的背斜核部或偏翼部，向斜两翼见小规模的断裂错动。

　　齐耀山背斜以东，区域一级褶皱构造均呈北东东向展布。背斜形态以箱形为主，相间狭窄的向斜，组成隔槽式褶皱。背斜两翼往往不对称，北西翼缓，南东翼陡。轴面时有扭转，褶曲枢纽由南西往北东逐渐倾伏。

　　齐耀山背斜以西，从南西往北东，主要构造线由北东走向自然弯转为近东西向，均消失在齐耀山背斜北西侧，成为突向北西的弧形构造带。次级褶皱呈雁列式排列，纵列轴呈北东向，横列轴同主要构造形迹协同一致。褶皱形态为宽阔平缓的屉形向斜和梳状高背斜相间排列。组成隔挡式构造，主要背斜北西翼缓、南东翼陡，反映了由北西往南东的地应力的主导作用。

　　沿线新构造运动的上升作用十分强烈，流水侵蚀，形成高崖深谷；背斜成山，向斜成谷，主要山脉均与构造线一致，使得地势更巍峨峻峭，蔚然壮观，成为入蜀道之屏障。

2.5.1 褶皱构造

区内主要褶皱走向北东—北东东，构造变形强度中等，形成对称中倾角褶皱和中小断裂。沿线主要构造形迹有巫山向斜、齐耀山背斜、巴务河向斜及一些次级褶皱，与线路有关的各褶皱要素如表 2.4 所示。

表 2.4　杭兰线巫山至奉节段主要褶皱一览表

褶皱名称	位置	轴向	轴线长度/km	核部地层	两翼倾角	
					北西翼	南东翼
巴务河向斜	奉节火石梁至何家屋垭	N80°E～N60°E～N80°E	55	T_1j、T_2b	12°～51°	40°～68°
齐耀山背斜	老房子至高坎至土地岭	N20°E～N40°E～N75°E	226	T_1j	12°～70°	12°～83°
巫山向斜	中坝至五马石至巫山	N45°E～N70°E～N80°E	110	T_2b、T_3xj	11°～60°	11°～55°

1. 巫山向斜

轴向 N45°～60°E，在巫山县穿越长江向两端延伸甚远。主要由三叠系中统巴东组（T_2b）地层组成，向斜南西段出露有三叠系上统须家河组（T_3xj）。核部产状平缓，倾角为 5°～15°，两翼渐变陡至 30°～60°。路线经过向斜北西翼。

2. 齐耀山背斜

轴向 N60°E，在奉节县东侧穿越长江，两端延伸远，为复式背斜，呈不对称箱形。轴部岩层倾角缓，翼部逐渐变陡至 66°～76°，轴部多为三叠系下统嘉陵江组（T_1j）灰岩组成，两翼由三叠系中统巴东组（T_2b）组成。背斜呈东北向条带状隆起，轴线北东-南西向，波状起伏加之沟谷处侵蚀作用，形成多个构造窗。背斜两翼形成较多次级背、向斜，与路线有关的有东坪坝向斜、挑子坪背斜等。

东坪坝向斜：走向近东西，长约为 13km，核部出露地层为 T_2b，北翼倾角为 24°，南翼倾角为 20°。

挑子坪脊斜：轴向东西，长约为 13km，轴部出露地层 T_2b、T_1j，北翼倾角为 30°～35°，南翼倾角为 24°～29°。

3. 巴务河向斜

位于齐耀山背斜北西侧，自奉节县城西火石梁，至何家屋垭以东，轴线长

55km。轴向 N80°E,核部及两翼地层由巴东组、嘉陵江组组成,北西翼倾角为12°~51°，东南翼倾角为40°~68°，为歪斜长轴向斜。在北西翼发育次级低缓褶皱。

2.5.2 断裂构造

区内主体构造线方向为北东—北东东向,褶皱发育,断裂构造较少,较大断裂有三条:金盔银甲峡北北东向逆断裂,三溪河断裂和齐耀山断裂。上述断裂均未影响到线路区。经过现场调绘,区内发育有较多次级断裂,与线路有关的次级断裂如表 2.5 所示。

表 2.5 杭兰线巫山至奉节段主要断裂一览表

| 编号 | 断裂名称 | 出露位置 | 断裂特征 | | | | | 备注 |
			类型	长/km	宽/m	产状	构造及力学性质	
F_1	范家河隐伏断裂	YK3+190	推测正断层	>0.80		走向 0°~180°	推测为张扭性	实测及钻探资料确定
F_2	江西湾断裂	YK15+880	平推断层	>0.65		走向 136°	扭性	
F_3	柏树槽断裂	YK16+514	平推断层	>0.60		走向 141°	扭性	
F_4	洪家坪断裂	K17+880	正断层	>0.80	10.0	315°∠51°~72°	张扭性	
F_5	高家田断裂	K18+628	不清	约0.80		走向 190°	张扭性	实测及物探资料推测
F_6	杨家老屋断裂	YK19+282	平推断层	>0.60		走向 135°	张扭性	实测及钻探资料确定
F_7	马脑壳断裂	K19+920	平推断层	>0.55		走向 153°	张扭性	
F_8	胡枣湾断裂	K20+838	平推断层	>0.75		走向 180°	张扭性	
F_9	张家坡断裂	K21+500	平推断层	>0.60		走向 170°	张扭性	
F_{10}	何家坪断裂	K22+190	平推断层	>0.50		走向 170°	张扭性	实测及钻探资料确定
F_{11}	枞树坪断裂 1	K22+918	平推断层	>0.55		走向 168°	张扭性	
F_{12}	枞树坪断裂 2	YK23+125	平推断层	>0.50		走向 195°	张扭性	
F_{13}	老屋里断裂	YK23+864	平推断层	>0.60		走向 160°	张扭性	
F_{14}	陈家老屋断裂	YK45+180	正断层	约0.60		327°∠78°	张扭性	
F_{15}	大树岭断裂	YK48+852	逆断层	>1.40		315°∠70°	压扭性	
F_{16}	石马河隐伏断裂	K55+615	推测正断层	>0.80		走向 32°~212°	推测为压扭性	
F_{17}	七里村断裂	K57+275	平推断层	>0.35		走向 160°	推测为张扭性	实测及钻探资料确定

2.5.3　节理裂隙

线路区节理裂隙较发育，对全区不同构造部位、不同地层的节理裂隙进行了详细调查，如图 2.4 所示。根据线路区节理裂隙统计分析有如下特点：

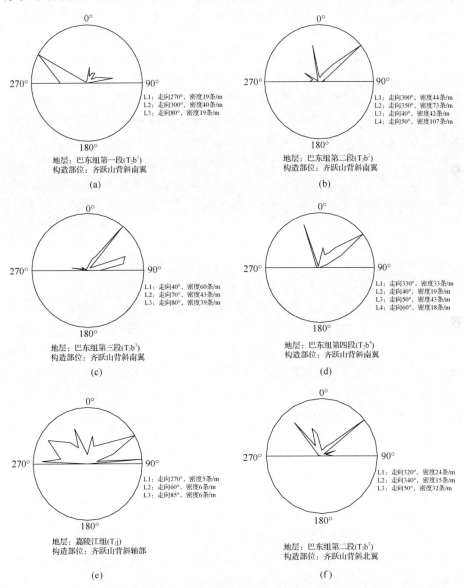

图 2.4　线路区节理走向玫瑰花图

①区内较发育的裂隙有四组；②有两组为 X 型剪切裂隙，发育规模较大，延伸远切割深；③有两组以张裂隙为主，规模较小，延伸切割较浅；④均以高倾角产出，一般大于 45°，以 65°～85°者居多。

2.6　地　　震

根据区域资料，喜马拉雅运动的晚期构造活动在区内主要表现为间歇性的上升隆起。上升作用至今仍在进行，部分断裂重新活动，引起轻微地震现象。区内历史上地震活动较弱，地震震级低，强震活动弱，属地壳相对稳定区块。据《中国地震动参数区划图》(GB18306—2001)，区内地震动峰值加速度为 0.05g，地震动反应谱特征周期为 0.35s，线路区地震基本烈度为 6 度，工程场地稳定。根据国家科学技术委员会组织的"三峡库区地壳稳定性与水库诱发地震问题"的专题研究认为：三峡水库蓄水后诱发地震的可能性是存在的。因此在进行工程抗震设计时，地震基本烈度采用国家现行规定，按 6 度设防。

2.7　主要地质灾害

线路区地质灾害的形成与发展受控于区域的地形地貌、地层岩性、地质构造与水动力条件等因素，其中地形地貌、地层岩性、地质构造是主控因素，水动力条件的变化是主要诱发因素。经过了各种地质作用的破坏和长期风化剥蚀后，自然地质环境是比较脆弱的；从公路所在地区自然地质环境的稳定性来讲，具有"动"则不稳，"不动"则稳的特点，不合理的工程活动极易引发地质灾害或对工程本身造成严重影响。

线路在地形地貌上基本沿近东西向的山间谷地前行，谷底与山峰之间的相对高差平均在 500m 以上，地形自然坡度一般大于 30°，且地形与构造主体线呈均近东西向展布，线路走向与岩层走向基本一致或小角度斜交。出露地层主要为三叠系巴东组(T_2b)碎屑岩类及嘉陵江组(T_1j)碳酸盐岩类，其中巴东组(T_2b)地层约占线路总长的 90%，巴东组(T_2b)碎屑岩类为软质岩石，嘉陵江组(T_1j)碳酸盐岩类为质纯的可溶岩类，这些特点决定了在巴东组(T_2b)易发生滑坡、崩塌等不良地质现象，在碳酸盐岩区岩溶发育。其中岩溶、滑坡对工程影响较大，是路基、桥梁、隧道工程安全应考虑的主要地质隐患。岩溶主要表现为路基岩溶塌陷及对桥梁基础稳定性的危害；隧道突泥、突水的可能性较小、危害程度较低。滑坡对路基工程稳定性影响较大。下面重点介绍 T_2b^2 粉砂质泥岩地层中的挖方高边坡地质灾害。

由于高速公路沿线地形坡度大，变化大，沟谷切割较深，因此，高填方路堤、挖方高边坡、深路堑工程难以完全避免。挖方高边坡、深路堑工程共有 22 处，边坡高度为 30.1~53.8m。

挖方高边坡、深路堑在三叠系中统巴东组第一段岩层 (T_2b^1) 碳酸盐岩 (泥灰岩夹泥岩) 分布区，共有 5 处高边坡路基，占全线高边坡路基总数的 22.7%，在巴东组第三段岩层 (T_2b^3) 碳酸盐岩 (泥灰岩) 分布区，共有 9 处高边坡路基，占全线高边坡路基总数的 40.9%，在三叠系下统嘉陵江组 (T_1j) 碳酸盐岩 (灰岩) 分布区，有 1 处高边坡路基，占全线高边坡路基总数的 4.6%，上述三段碳酸盐岩地层分布区合计有 15 处高边坡，占全线高边坡路基总数的 68.2%，其中顺层高边坡 7 处，逆层高边坡 8 处，此类高边坡岩体坚固，岩层产状较缓，层间摩擦系数高，未发现软弱夹层，即便是顺层坡，也能满足抗滑稳定的条件，边坡稳定性较好。在巴东组第二段 (T_2b^2) 粉砂质泥岩区共有 7 处，占全线高边坡路基总数的 31.8%。这 7 处高边坡地段，地层岩性条件较差，在该套地层中挖方形成的工程高边坡稳定性差，在开挖后一段时间，大部分边坡坡体后缘出现裂缝，坡面发育与开挖走向线近平行的裂缝，坡脚隆起，经过加固后的部分边坡防护结构格构梁出现裂缝，坡体的变形随时间增长不断发生变化。这些现象表明，巴东组 T_2b^2 粉砂质泥岩具有显著的时效变形特征，流变特性显著，在边坡变形过程中起主导作用。

图 2.5 显示的是线路 YK39+510 里程处 T_2b^2 粉砂质泥岩地层中高边坡开挖后，坡体上方居民房屋开裂变形严重。图中所示的房屋墙壁上的裂缝长度达 5~7m，宽度达 10~30cm，地面裂缝宽度达 10cm，裂缝贯穿房屋延伸到

图 2.5　高边坡开挖后引起的房屋开裂

路上。坡体上方的居民房屋墙壁以及地面普遍开裂，当地居民在施工技术人员的指导下在裂隙上贴纸以判断裂缝的发展情况，结果表明坡体开挖造成的房屋开裂的长度以及宽度随时间不断增长，边坡开挖后的时效变形特征非常明显。

坡体在载荷的长期作用下引起的时效渐进式破坏，严重影响公路的长期运营安全，成为公路建设中的一大难题。为查明该地层中边坡的变形机理，合理地描述和揭示岩石与时间相关的力学特性和行为，确保边坡工程在长期运营过程中的安全与稳定，需要对 T_2b^2 粉砂质泥岩地层中挖方高边坡的流变特性进行深入研究。

2.8　本　章　小　结

本章介绍了巫山至奉节段高速公路沿线的地形地貌、地层岩性、地质构造等区域地质环境特征，同时也介绍了该区的降雨特征。通过对这些资料的分析，表明线路所在地区自然地质环境较差，具有"动"则不稳，"不动"则稳的特点。对于线路区的地质灾害，重点介绍了公路沿线 T_2b^2 粉砂质泥岩地层中挖方高边坡变形破坏的情况。巫山至奉节段高速公路挖方高边坡工程变形破坏的主要原因有以下几方面：

(1)从地形条件来看，线路基本沿近东西向的山间谷地前行，谷底与山峰之间的相对高差平均在 500m 以上，地形自然坡度一般大于 30°。表明线路区沟谷切割深，山坡坡度较陡。在地形的控制下，受人类工程活动、水动力条件的变化等外部因素的影响，边坡易发生坡体失稳。

(2)线路所处的构造单元属四川沉降褶皱带之川东褶皱带的一部分，区域内褶皱发育，导致岩体节理裂隙发育，岩石较破碎，降低了坡体的稳定性。

(3)T_2b^2 粉砂质泥岩黏土矿物含量高，强度低，抗风化能力差，遇水软化、泥化，该套地层是线路区的"易滑地层"。

(4)巫山、奉节地区降雨充沛，是诱发滑坡的重要因素。该地区的降雨强度大于临界暴雨强度，是引起边坡体变形破坏的重要动力因素。

第3章 粉砂质泥岩常规力学性质试验研究

岩石流变力学特性的研究对于岩石工程的长期稳定与安全有着极其重要的理论与实践意义。为合理确定分级加载条件下岩石流变试验应施加的应力或应变级数，全面揭示长期荷载作用下岩石的流变力学特性，在研究岩石流变力学特性之前，有必要对单轴及不同围压作用下岩石的常规力学性质进行试验研究，使岩石流变试验能够得以顺利进行。

由第2章的研究可知，巫山至奉节段高速公路沿线 T_2b^2 地层中挖方高边坡的变形破坏与粉砂质泥岩的力学性质有密切关系。因此，本章选取 T_2b^2 地层中的粉砂质泥岩，进行矿物成分、物理水理性质、单轴及不同围压作用下岩石的常规力学性质试验研究工作。基于常规力学性质试验成果，研究围压对岩石常规力学性质的影响规律，建立岩石本构模型并确定了模型参数。本章的研究成果可为岩石流变力学特性的研究及岩石工程流变数值分析提供必要的资料。

3.1 岩石矿物成分

试验所用粉砂质泥岩取自巫山至奉节段高速公路 YK33+500～K33+900 处大水田边坡底部弱-微风化的粉砂质泥岩层。大水田边坡位于重庆市巫山县龙井乡白泉村境内，起止桩号为 YK33+500～K33+900，边坡处在山坡的下部，上部地形较平缓，地面坡度 15°～20°，下部地形较陡，地面坡度 30°～35°，地表覆盖层主要为(含砾石)亚黏土和碎石土，下部为粉砂质泥岩层。边坡体宽为 400m，长为 380m，面积为 $7.2×10^4m^2$。

将粉砂质泥岩样品细碎至粒径小于 2μm，采用 X 射线衍射(XRD)分析岩石的矿物成分。X 射线粉晶衍射分析在中国地质大学(武汉)测试中心完成，使用的仪器为日本理学公司 D/MAX-3A 型 X 射线衍射仪，测试条件为：Cu 靶 Kα 射线，Ni 片滤波，电压 30kV，电流 30mA，扫描速度 6°/min，温度为 22℃，湿度为 56%。矿物成分结果如图 3.1 所示。

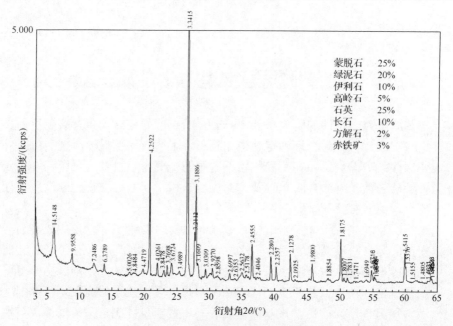

图 3.1　X 射线衍射鉴定矿物成分

T_2b^2 粉砂质泥岩中矿物成分如下：蒙脱石含量为 25%，绿泥石含量为 20%，伊利石含量为 10%，高岭石含量为 5%，石英含量为 25%，长石含量为 10%，方解石含量为 2%，赤铁矿含量为 3%。亲水性黏土矿物成分含量达 60%，属黏土矿物含量高、亲水性大，水稳性差的一类岩石。由于岩石中含有的矿物成分大部分是黏土矿物，因此，含水率对其力学特性有较大的影响。

3.2　岩石物理水理性质

岩石的物理水理性质是岩石的重要性质。对粉砂质泥岩的基本物理水理性质进行了室内试验测定。根据《公路工程岩石试验规程》（JTGE41—2005），采用蜡封法测定密度 ρ_d，采用烘干法测定含水率 w，并进行了吸水性试验，测定了粉砂质泥岩的自然吸水率 w_a 和饱和吸水率 w_{sa}。其物理水理性质指标如表 3.1 所示。

表 3.1　岩石的主要物理水理性质表

天然密度 ρ /(g/cm³)	干密度 ρ_d /(g/cm³)	饱和密度 ρ_w /(g/cm³)	天然吸水率 w_a /%	饱和吸水率 w_{sa} /%	天然含水量 w/%	饱水系数 k_s
2.18	2.15	2.34	2.96	9.18	1.54	0.54

吸水率和饱和吸水率是岩石两个重要的水理性质参数。岩石吸水率的大小主要取决于岩石中孔隙和裂隙的数量、大小及其开启程度与连通程度，同时还受到岩石成因、时代及岩性的影响。岩石的吸水率反映了岩石内部空隙的发育程度，吸水率愈大，内部空隙越发育，连通情况越好。岩石的饱水系数反映岩石大开型空隙与小开型空隙的相对含量，饱水系数愈大，说明岩石中的大开型空隙相对较多，而小开型空隙较少，也反映了岩石在常压吸水后留出的空间有限。由表 3.1 可知，粉砂质泥岩的饱水系数较大，对于含黏土矿物成分较多的岩石，这将使其吸水后膨胀，导致岩石强度明显降低。因此，此套岩层在水的作用下易软化，这一特性对工程建设极为不利。

3.3　岩石三轴压缩试验

3.3.1　试样制备与试验方法

岩石单轴压缩、三轴压缩试验是测定岩石强度等力学性质的基本试验方法。本书粉砂质泥岩的单轴、三轴压缩试验在河南省岩土力学与结构工程重点实验室的 TAWA—2000 微机控制岩石伺服三轴压力试验机上进行，该试验机由长春市朝阳试验仪器有限公司生产，最大轴向力为 2000kN，最大围压为80MPa，系统测量精度在 1%范围内，可进行常规岩石单轴、三轴压缩试验，并可以进行高、低温条件下岩石单轴、三轴压缩试验。

为尽可能消除岩样离散性对试验结果造成的影响，岩块采自同一层位，采集后立即用石蜡密封。运抵实验室后，采用水钻法沿垂直层理面的方向钻心取样，用锯石切割机将岩心两端面切割平整，在磨石机上进行研磨，制成尺寸为 Φ50mm×100mm 的圆柱形岩样。制备成标准岩样后，为减少岩石试样的离散性，尽可能使不同试样物理力学性质保持一致，首先将表观上有缺陷的岩样剔除，再采用脉冲超声波对穿法对剩余的岩样进行检测筛选，其纵波波速为 2500～2776m/s。根据检测结果，从中挑选出波速相近的岩石试样，如图 3.2 所示。其中一部分试样用于岩石单轴、三轴压缩常规力学性质试验，此部分试样的端面平行度控制在±0.05mm 以内，端面对试件轴向的垂直度小于 0.25°。另一部分试样用于岩石三轴压缩流变试验，由于流变试验对试样平整度的要求较常规三轴试验高，因此须在磨石机上对试样进行进一步研磨，以达到流变试验的要求，此部分内容详见后面章节的论述。

图 3.2　试验岩样

　　粉砂质泥岩中蒙脱石、伊利石等黏土矿物成分含量高，同时岩石的饱水系数较大，这将使其吸水后膨胀，导致岩石强度明显降低。考虑到研究区降雨量及降雨强度较大，在雨季粉砂质泥岩地层极易产生一系列工程地质问题，因此，为更符合工程实际情况，制备好的试样在水中自由浸泡 24h 后，用保鲜膜包裹放入保湿缸内，以备岩石常规试验及流变力学试验使用。

　　岩石单轴压缩试验方法为：在试样两端加上与试样直径相匹配的刚性垫块，以减小端面摩擦对试验结果的影响，调整好位移传感器，试验采用轴向应变控制对试样施加轴向应力，加载速率控制为 0.01mm/s，直至试样发生破坏，试验停止。

　　岩石三轴压缩试验方法为：首先用乳胶套将试样包裹好，以防止试验过程中液压油浸入试样内，从而影响岩石力学特性参数的测定；其次在两端加上与试样直径匹配的刚性垫块，以减小端面摩擦对试验结果的影响，同时调整好位移传感器；然后将试样放进三轴压力缸内，对试样施加至预定的围压，此时试样处于静水压力状态；最后对试样施加轴向应力使之失去承载能力而破坏。试验过程中计算机自动采集数据。试验采用轴向应变控制，加载速率控制为 0.01mm/s。由于取样点属于低地应力区，故试验围压设置为四个级别，分别为 1MPa、2MPa、3MPa 和 4MPa。岩石的单轴压缩、三轴压缩应力应变全曲线如图 3.3 所示。

3.3.2　岩石应力应变全曲线

　　从图 3.3 中可以看出，不同围压下岩石的应力应变曲线形态相似，均属于弹脆性破坏。图 3.4 是典型的粉砂质泥岩三轴压缩应力应变全过程曲线，图中 O 点表示初始点，A 点表示压密点，B 点表示屈服强度，C 点表示峰值强度，D 点表示残余强度。以 C 点为界可将应力应变曲线分为峰前与峰后两个区域，峰前岩石产生弹性变形，峰后岩石产生塑性变形。

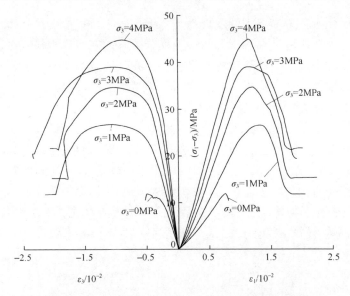

图 3.3　粉砂质泥岩不同围压下三轴压缩全过程曲线

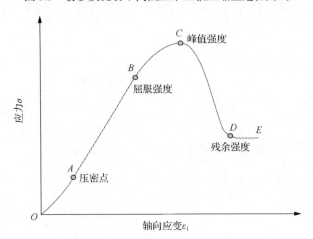

图 3.4　典型的粉砂质泥岩应力应变全过程曲线

三轴压缩应力应变全过程曲线可以划分为弹性段、屈服段、应变软化段及塑性流动。各段的应力应变特征如下：

(1) OB 段，称为弹性段 I，该阶段粉砂质泥岩的应力应变曲线基本呈直线。可以将这一阶段进一步划分为压密区 OA 段和弹性区 AB 段，压密点 A 为分界点。在 OA 段，除了初始排列方向与轴向应力平行的裂纹外，大部分原生微裂缝或节理面都被压密闭合，此阶段明显与否，主要取决于原生裂纹的密度及初始排列方向。宏观表现为应力增加较小，但应变增加较大，应力应变曲线呈现凹向应变轴的形态。由于这一阶段的变形机理较复杂，目前难以用数学方程来描述这一阶段的力学特性，并且该阶段并不代表岩石的主要力学特征，因此，在本构模型中通常不单独考虑这一阶段，而将其一并考虑为弹性段 I。AB 段岩石的应力应变曲线基本呈直线，该段可以用虎克定律来描述，为弹性阶段。由于绝大部分原生裂纹在上一阶段已经被压缩密实，而此阶段的应力水平虽然会使裂纹面之间产生相对滑动的趋势，但其大小并不足以使裂纹开始扩展，因此岩石试样可被视为线性的、各向同性的弹性变形体，轴向应变和径向应变曲线的斜率均保持不变。此阶段系统内部没有宏观不可逆过程，处于均匀的变形状态，因此是一种平衡状态，如图 3.5(b) 所示。OB 段常用弹性模量 E 和泊松比 μ 来描述其变形特性。B 点对应的应力值被称为屈服强度 σ_y。

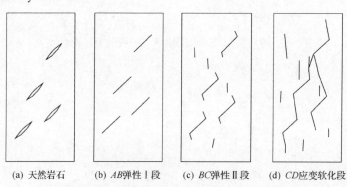

(a) 天然岩石　　(b) AB弹性 I 段　　(c) BC弹性 II 段　　(d) CD应变软化段

图 3.5　不同变形阶段微裂纹扩展示意图

(2) BC 段，为屈服阶段，是岩石微裂隙开始产生、扩展、累积的阶段。岩石内部的裂隙开始逐渐扩展并释放能量。随着应力的增加，当达到起裂应力后，一些已经被压密闭合的裂纹开始张开乃至扩展，在一些相对较为软弱的颗粒边界之间会出现新的裂纹。无论是已有裂纹的扩展还是新裂纹的出现，都是沿着平行于(或近似平行于)最大主应力的方向进行。这些微裂纹仍然是彼此独立互不关联的，如图 3.5(c) 所示。这一阶段可以称之为屈服阶段，为非弹性变形段，一般把这一阶段的应力应变曲线简化为直线或采用经验曲线如指数函数曲线或幂函数曲线来描述。本书从简化分析角度考虑，仍将该阶段视为弹性区，为与弹性段 I 区别，称之为弹性段 II，该段的弹性模量用 E_T 来表示。由于微裂纹的稳定扩展，弹性模量 E_T 已发生劣化。试验表明，E_T 与围压之间的关系可以用函数来表示，这里假定 BC 段的泊松比保持不变，

与 *OB* 段的泊松比一样，仍然用 μ 表示。*C* 点的应力称为峰值强度 σ_p，也就是通常所说的岩石强度，其对应的应变为峰值应变 ε_p。

(3) *CD* 段，为应变软化段，岩石达到峰值强度后，随应变的增加，应力不断降低，发生应变软化。当无侧压或侧压很低时，最终形成平行于最大主应力方向的宏观裂纹，即岩样发生劈裂破坏；当围压较高时，最终形成的宏观裂纹与最大主应力呈一定角度的交角，见图 3.5(d)。轴向应力使试样形成破裂面，导致试样强度降低，应变增长。这种强度随应变增长而逐渐降低的破坏形式被称为渐进式破坏。*D* 点对应的应力称为残余强度 σ_r，其对应的应变为残余应变 ε_r。

(4) *DE* 段，为塑性流动阶段($\sigma=\sigma_r$)，应力在这一阶段基本不变，而应变随时间不断增加，随岩石塑性变形的不断增长，岩石的强度最终不再降低，试样已经完全破坏，达到破碎、松动的残余强度，可以将该阶段看作为理想的塑性阶段。

3.3.3　强度和围压的关系

依据粉砂质泥岩三轴压缩试验结果，分析不同围压下岩石屈服强度、峰值强度及残余强度的变化规律，从而为岩石抗剪强度参数的确定及分段建立岩石本构模型提供依据。

1. 屈服强度与围压的关系

不同围压下岩石的屈服强度与围压的关系曲线，如图 3.6 所示。

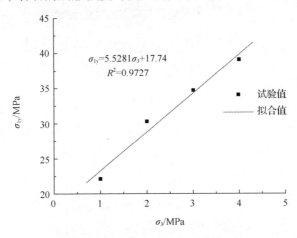

$$\sigma_{1y}=5.5281\sigma_3+17.74$$
$$R^2=0.9727$$

图 3.6　屈服强度与围压的关系曲线

从图中可以看出，粉砂质泥岩的屈服强度 σ_{1y} 随着围压的增加而增大，与围压近似呈线性关系。对试验数据进行线性回归，可得如下方程

$$\sigma_{1y}=5.5281\sigma_3+17.74 \qquad (3.1)$$

其相关系数为 0.9727，线性相关性较好。由式 (3.1) 可得

$$f_1(\sigma_1,\ \sigma_3)=\sigma_1-5.5281\sigma_3-17.74=0 \qquad (3.2)$$

2. 峰值强度与围压的关系

不同围压下岩石的峰值强度与围压的关系曲线，如图 3.7 所示。

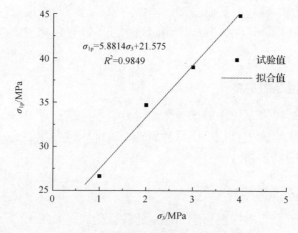

图 3.7　峰值强度与围压的关系曲线

从图中可以看出，粉砂质泥岩的峰值强度 σ_{1p} 随着围压的增加而增大，与围压近似呈线性关系。对试验数据进行线性回归，可得如下方程

$$\sigma_{1p}=5.8814\sigma_3+21.575 \qquad (3.3)$$

其相关系数 0.9849，按照 Mohr-Coulomb 强度准则，求得粉砂质泥岩在峰值时的黏聚力 c 值为 4.44MPa，内摩擦角 φ 值为 44.81°。

由式 (3.3) 可得

$$f_2(\sigma_1,\ \sigma_3)=\sigma_1-5.8814\sigma_3-21.575=0 \qquad (3.4)$$

3. 残余强度与围压的关系

不同围压下岩石的残余强度与围压的关系曲线，如图 3.8 所示。

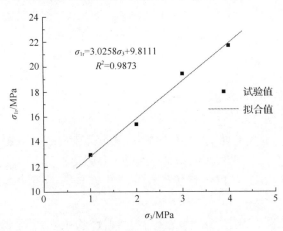

$$\sigma_{1r}=3.0258\sigma_3+9.8111$$
$$R^2=0.9873$$

图 3.8　残余强度与围压的关系曲线

从图中可以看出，粉砂质泥岩的残余强度 σ_{1r} 随着围压的增加而增大，与围压近似呈线性关系。对试验数据进行线性回归，可得如下方程

$$\sigma_{1r}=3.0258\sigma_3+9.8111 \tag{3.5}$$

其相关系数为 0.9873，按照 Mohr-Coulomb 强度准则，可求得粉砂质泥岩在残余强度时的黏聚力 c 值为 2.82MPa，内摩擦角 φ 值为 30.21°。

由式 (3.5) 可得

$$f_3(\sigma_1,\ \sigma_3)=\sigma_1-3.0258\sigma_3-9.8111=0 \tag{3.6}$$

3.4　四线性弹-脆-塑性本构模型

正确合理的本构模型是岩石力学数值分析取得可靠结果的重要保证之一，岩石本构关系的研究一直是受到广泛关注的基础性研究课题[99, 174-176]。

岩石在应力达到峰值强度之后，随着变形的继续增加，其强度迅速降到一个较低的水平，这种由于变形引起的岩石材料性能劣化的现象称之为应变软化。长期以来，在岩石力学及其工程应用中，有关岩石应变软化本构模型的研究一直是个热点[177-183]，但是由于试验技术的限制及理论上的不完善，对岩石应变软化模型的研究还不够深入[184]。本节在前人研究成果的基础上,依据粉砂质泥岩常规三轴压缩试验成果,以岩石的屈服强度、峰值强度、残余强度为分界点,将应力应变全曲线依次划分为弹性段Ⅰ、弹性段Ⅱ、线性软化段、线性残余塑性流动段,建立了考虑岩石应变软化的双线性弹性-线性软化-残余理想塑性四线性模型,并分段建立了本构方程。

3.4.1　基本假设

为分段建立岩石本构模型的理论公式,对没有节理面完整岩石的应变软化作如下理想化假设:

(1)应变软化现象开始时,岩石的峰值强度满足 Mohr-Coulomb 强度准则。

(2)岩石的残余强度也满足 Mohr-Coulomb 强度准则。

(3)应力应变关系可以进行线性简化,用四条直线段来表示二者之间的关系。

在上述假设的基础上,给出双线性弹性-线性软化-残余理想塑性四线性分段模型,如图 3.9 所示。该本构模型的特点是:在峰前区,为了更真实地反映岩石的变形特点,用双线性弹性来代替以往所采用的单阶段线弹性,其应力应变关系符合广义虎克定律;在峰后区,用线性软化段和线性残余塑性流动段来描述。这比理想弹-脆-塑性本构模型[185]更能反映岩石的峰后特性。

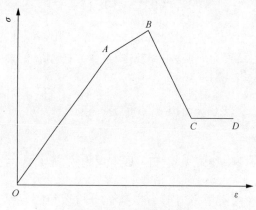

图 3.9　岩石的本构模型

3.4.2　理论模型

在如图 3.9 所示的分段本构模型中,*OA* 与 *AB* 两段应力应变关系均服从虎克定律,因此这两段的本构模型很容易得出。*BC* 段可以用连续线性软化来简化表示，假定屈服函数与最大主应变 ε_1 呈线性关系，硬化模量 H 是软化段曲线斜率的函数，取为负值；CD 段为线性残余塑性流动段，为简便分析，将其看做是理想塑性的，这一阶段硬化模量 H 取 0，用残余强度的函数来直接表示屈服函数。

基于岩石常规三轴试验结果，将双线性弹性-线性软化-残余理想塑性四线性分段模型应用于粉砂质泥岩，建立的岩石本构关系包括弹性段Ⅰ、弹性段Ⅱ、线性软化段、线性残余塑性流动段共四个阶段，各阶段的本构方程如下：

1. 弹性段Ⅰ

本构方程可表示为

$$\{\mathrm{d}\varepsilon\} = [C]_{\mathrm{e1}} \{\mathrm{d}\sigma\} \tag{3.7}$$

其中

$$[C]_{\mathrm{e1}} = \frac{1}{E_{\mathrm{e1}}} \begin{bmatrix} 1 & -\mu & -\mu & 0 & 0 & 0 \\ -\mu & 1 & -\mu & 0 & 0 & 0 \\ -\mu & -\mu & 1 & 0 & 0 & 0 \\ 0 & 0 & 0 & 2(1+\mu) & 0 & 0 \\ 0 & 0 & 0 & 0 & 2(1+\mu) & 0 \\ 0 & 0 & 0 & 0 & 0 & 2(1+\mu) \end{bmatrix}$$

或

$$\{\mathrm{d}\sigma\} = [D]_{\mathrm{e1}} \{\mathrm{d}\varepsilon\} \tag{3.8}$$

式中，$[D]_{\mathrm{e1}} = [C]_{\mathrm{e1}}^{-1}$，称为刚度矩阵。弹性模型 E 和泊松比 μ 可以从试验中得到，$E_{\mathrm{e1}}=2.57\mathrm{GPa}$，$\mu=0.28$。

2. 弹性段Ⅱ

可以认为该段的斜率 E_{T} 随着围压的升高而变化，可表示为

$$E_{\mathrm{T}}=4.4402\sigma_3+0.55058 \tag{3.9}$$

弹性阶段的斜率是随着围压的增大而增大的，其关系近似呈直线。当 $\sigma_3=0$ 时，$E_{\mathrm{T}}=0.55058\mathrm{GPa}$。

本构方程可表示为

$$\{d\varepsilon\} = [C]_{e2}\{d\sigma\} \tag{3.10}$$

其中

$$[C]_{e2} = \frac{1}{E_T}\begin{bmatrix} 1 & -\mu & -\mu & 0 & 0 & 0 \\ -\mu & 1 & -\mu & 0 & 0 & 0 \\ -\mu & -\mu & 1 & 0 & 0 & 0 \\ 0 & 0 & 0 & 2(1+\mu) & 0 & 0 \\ 0 & 0 & 0 & 0 & 2(1+\mu) & 0 \\ 0 & 0 & 0 & 0 & 0 & 2(1+\mu) \end{bmatrix}$$

或

$$\{d\sigma\} = [D]_{e2}\{d\varepsilon\} \tag{3.11}$$

式中，$[D]_{e2} = [C]_{e2}^{-1}$。

3. 线性软化段

根据塑性理论，如果在某一时刻，满足式(3.4)岩石即达到了峰值强度，采用 Mohr-Coloumb 强度准则，则初始屈服函数为

$$f_2(\sigma_1,\sigma_3) = \sigma_1 - k_1\sigma_3 - b_1 = 0 \tag{3.12}$$

达到残余强度后，屈服函数可表示为

$$f_3(\sigma_1,\sigma_3) = \sigma_1 - k_2\sigma_3 - b_2 = 0 \tag{3.13}$$

式中，k_1、b_1、k_2、b_2 均为屈服函数系数。

根据式(3.3)与式(3.5)，可以得出粉砂质泥岩的 k_1= 5.8814，b_1=21.575，k_2=3.0258，b_2=9.8111。

对于软化阶段形式，假定屈服函数随大主应变 ε_1 在 $f_2(\sigma_1,\sigma_3)$ 和 $f_3(\sigma_1,\sigma_3)$ 之间呈线性变化，即

$$f(\sigma_1,\sigma_3) = \sigma_1 - k(\varepsilon_1)\sigma_3 - b(\varepsilon_1) = 0 \tag{3.14}$$

其中

$$\begin{cases} k(\varepsilon_1) = k_1 + \dfrac{\varepsilon_1 - \varepsilon_1^{\mathrm{f}}}{\varepsilon_1^{\mathrm{f}} - \varepsilon_1^{\mathrm{r}}}(k_1 - k_2) \\[4mm] b(\varepsilon_1) = b_1 + \dfrac{\varepsilon_1 - \varepsilon_1^{\mathrm{f}}}{\varepsilon_1^{\mathrm{f}} - \varepsilon_1^{\mathrm{r}}}(b_1 - b_2) \end{cases}$$

式中，$\varepsilon_1^{\mathrm{f}}$ 为峰值强度所对应的峰值应变；$\varepsilon_1^{\mathrm{r}}$ 为残余强度所对应的残余应变。

它们随围压的变化规律可以从试验中得出，即

$$\varepsilon_1^{\mathrm{f}} = -0.0726\sigma_3 + 1.3844 \tag{3.15}$$

$$\varepsilon_1^{\mathrm{r}} = 0.0294\sigma_3 + 1.822 \tag{3.16}$$

软化系数 E_{R} 和围压 σ_3 的关系可以通过函数 $f_2(\sigma_1, \sigma_3)$ 和 $f_3(\sigma_1, \sigma_3)$ 计算而得，即

$$E_{\mathrm{R}} = -\frac{2.8556\sigma_3 + 11.7639}{0.102\sigma_3 + 0.4376} \tag{3.17}$$

于是软化段的本构方程可写为

$$\mathrm{d}\sigma_{ij} = ([D]_{\mathrm{el}} - [D]_{\mathrm{p}})\left\{\mathrm{d}\varepsilon_{ij}\right\} \tag{3.18}$$

$$[D]_{\mathrm{p}} = \frac{[D]_{\mathrm{el}}\left[\dfrac{\partial F}{\partial \sigma_{ij}}\right]\left[\dfrac{\partial F}{\partial \sigma_{ij}}\right]^{\mathrm{T}}[D]_{\mathrm{el}}}{A + \left[\dfrac{\partial F}{\partial \sigma_{ij}}\right]^{\mathrm{T}}[D]_{\mathrm{el}}\left[\dfrac{\partial F}{\partial \sigma_{ij}}\right]} \tag{3.19}$$

式中，$[D]_{\mathrm{el}}$、$[D]_{\mathrm{p}}$ 分别为粉砂质泥岩弹性段的弹性矩阵和塑性矩阵；A 为硬化模量，为负值，采用给出的公式[186]，并进一步推广到三轴中，有

$$A = \frac{E_{\mathrm{R}}}{1 - \dfrac{E_{\mathrm{R}}}{E}} \tag{3.20}$$

4. 线性残余塑性流动段

为简便起见，将残余流动段按理想塑性流动处理。在该阶段，屈服面始

终保持不变，对粉砂质泥岩来说，其屈服面方程为

$$F(\sigma_1, \sigma_3) = f_3(\sigma_1, \sigma_3) \tag{3.21}$$

硬化模量 $A=0$，由此可直接写出如下公式：

$$\mathrm{d}\sigma_{ij} = ([D]_{\mathrm{el}} - [D]_{\mathrm{p}})\left\{\mathrm{d}\varepsilon_{ij}\right\} \tag{3.22}$$

$$[D]_{\mathrm{p}} = \frac{[D]_{\mathrm{el}}\left[\dfrac{\partial F}{\partial \sigma_{ij}}\right]\left[\dfrac{\partial F}{\partial \sigma_{ij}}\right]^{\mathrm{T}}[D]_{\mathrm{el}}}{\left[\dfrac{\partial F}{\partial \sigma_{ij}}\right]^{\mathrm{T}}[D]_{\mathrm{el}}\left[\dfrac{\partial F}{\partial \sigma_{ij}}\right]} \tag{3.23}$$

3.5　本　章　小　结

本章对粉砂质泥岩进行了矿物成分、基本物理、水理性质及力学性质试验研究，获取了常规单轴及三轴压缩条件下岩石的强度及变形特征，分析了岩石屈服强度、峰值强度及残余强度与围压之间的关系。在此基础上，建立了考虑岩石应变软化的双线性弹性-线性软化-残余理想塑性四线性模型，研究成果为岩石流变力学特性的研究及岩石工程流变数值分析提供必要的资料。主要结论如下：

(1)通过 X 射线衍射试验鉴定岩石矿物成分，粉砂质泥岩中蒙脱石、伊利石等黏土矿物占矿物总成分的 60%，属黏土矿物含量高、亲水性大、水稳性差的一类岩石。

(2)对粉砂质泥岩的基本物理水理性质进行了室内试验测定。试验结果表明，粉砂质泥岩的饱水系数较大，对于含黏土矿物成分较多的岩石，这将使其吸水后膨胀，导致岩石强度明显降低。因此，此套岩层在水的作用下易软化，这一特性对工程建设极为不利。

(3)采用 TAWA—2000 微机控制岩石伺服三轴压力试验机对粉砂质泥岩进行了单轴压缩试验及不同围压下的三轴压缩试验，研究了粉砂质泥岩的常规力学性质。基于试验结果，分析了岩石屈服强度、峰值强度及残余强度与围压之间的关系，表明三种强度均随围压的增加而增大，与围压近似呈线性关系。基于 Mohr-Coulomb 强度理论，得出了岩石峰值抗剪强度参数及残余

抗剪强度参数。

(4)在前人研究成果的基础上，依据粉砂质泥岩常规三轴压缩试验成果，以岩石的屈服强度、峰值强度、残余强度为分界点，将应力应变全过程曲线依次划分为弹性段Ⅰ、弹性段Ⅱ、线性软化段、线性残余塑性流动段，建立了考虑岩石应变软化的双线性弹性-线性软化-残余理想塑性四线性模型，并分段建立了本构方程，确定了各阶段方程的参数。

(5)与传统的将峰值前作为一个线性段的本构模型相比，四线性模型将峰值前作为两个线性段更符合客观实际。与传统的理想弹脆塑性模型相比，四线性模型将峰后软化阶段划分为软化段和残余段更科学合理。因此，四线性模型能很好地模拟粉砂质泥岩的弹性、应变强化、应变软化、残余塑性的力学性质。

第 4 章 粉砂质泥岩蠕变力学特性试验研究

蠕变作为岩石重要的力学特性之一，与工程的长期稳定和安全密切相关。工程实践表明，岩质边坡的破坏和失稳，许多情况下并不是在开挖后立即发生的，边坡从开始变形到最终的破坏失稳是一个与时间有关的复杂的非线性过程[2]。岩石蠕变是边坡及滑坡产生大变形乃至失稳的重要原因之一[187-189]，因此，合理地描述和揭示岩石与时间相关的力学行为，认识其时效变形规律与破坏特征具有重要的理论意义和实践意义。

试验研究是揭示岩石流变力学特性的主要手段，也是构建岩石流变本构模型的基础。岩石流变试验有现场原位测试和室内试验两种方式。现场原位测试需要到工程现场测试岩石介质的流变特性，试验难度大、耗资大、受干扰因素多，在工程中应用相对较少。而室内试验具有可严格控制试验条件，能够长期观测，排除次要因素干扰，耗资少和重复次数多等优点，因此一直受到研究人员的广泛重视。

室内流变试验主要有常应力下的蠕变试验、常应变下的松弛试验、常应力速率下的流变试验、常应变速率下的流变试验四种类型，其中常应力速率和常应变速率下的流变试验用于流变模型已知而只求模型参数的情况，同时受试验条件的限制，这两种类型的试验应用较少，相关方面的文献报道少。应力松弛试验由于要长时间保持试样变形不变，技术上难度较大，国内外对这方面的研究也较少。而常应力下的蠕变试验技术成熟，是目前研究岩石流变特性最主要的方法。由于试验设备及试验控制等方面的原因，目前岩石蠕变力学特性的试验研究成果主要集中在单轴压缩及直接剪切蠕变试验研究方面[190, 191]，岩石三轴压缩蠕变试验研究成果相对较少，不足以全面反映岩石的蠕变力学特性。在边坡工程中，岩石一般处于三向应力状态，仅进行单向应力状态下的蠕变试验并不能全面反映边坡的实际应力状态。三轴压缩蠕变试验是认识复杂应力状态下岩石力学性质的主要手段之一，可以揭示岩石在不同应力状态下的蠕变力学特征，也是确定岩石长期强度的主要试验依据。

T_2b^2 粉砂质泥岩是巫山至奉节段高速公路沿线出露的主要软岩地层，其时效变形特征非常显著，粉砂质泥岩的蠕变力学特性直接影响到公路沿线挖方高边坡的长期稳定与安全。因此，研究粉砂质泥岩的蠕变特性对于合理解释边坡工程的时效力学行为，掌握其应力和变形特性，评价工程的长期稳定和安全运行都具有十分重要的意义。鉴于此，本章采用岩石全自动三轴流变伺服仪，对 T_2b^2 粉砂质泥岩进行三轴压缩蠕变试验，基于试验结果，分析岩石的蠕变特性，得出粉砂质泥岩三轴蠕变规律，为岩石蠕变本构模型的建立及参数辨识提供了依据。

4.1　试　验　设　备

蠕变试验要求应力在长时间内保持恒定不变，因此对试验设备的稳压系统、应力和变形量测系统的长期稳定性与精度都有着很高的要求。

本次岩石三轴蠕变试验在河南省岩土力学与水工结构重点实验室的RLJW—2000 微机控制岩石三轴、剪切流变伺服仪上进行，流变仪主要由轴向加载系统、围压系统、剪切系统、控制系统、计算机系统等组成，如图 4.1所示。

图 4.1　RLJW—2000 微机控制岩石三轴、剪切流变仪

轴向加载系统包括：轴向加载框架、压力室提升装置、伺服加载装置等；轴向加载框架是由主机座、上横梁、四立柱组合构成，加载油缸安装在主机座横梁上，活塞向上对试样施加试验力。在加载框架上横梁上装有一小电动葫芦，用于提升压力室，进行试样的装卸；伺服加载装置是向加载油缸加油的装置，它是由伺服电机推动活塞把高压油送到加载油缸内进行加压。

围压系统由压力室、伺服加载装置组成。压力室是由优质合金钢经锻压成形后，再经加工制成，压力室表面进行了镀硬铬处理；围压伺服加载装置和轴向伺服加载装置一样，这套装置向压力室内送高压油，并且控制围压。

由于创新性地采用先进的伺服控制、滚珠丝杠和液压等技术组合，流变仪的稳压效果良好。

剪切系统由剪切加载框架和伺服加载装置组成，框架可在导轨上移动，在做试验时框架移动到主机中心位置，并加上轴向垂直压力，框架施加水平剪切力，伺服加载装置向剪切油缸内送出高压油，并控制剪切力(或剪切位移)。

控制系统是试验机的控制中心，它包括轴向控制系统、围压控制系统、剪切控制系统。轴向控制系统是由德国 DOLI 公司原装数字控制器(externe digital controller，EDC)全数字伺服控制器及传感器构成，传感器包括试验力传感器、轴向变形传感器、径向变形传感器等。轴向、径向变形传感器如图4.2 所示。EDC 控制器把各传感器的信号进行放大处理后进行显示和控制(与设定的参数进行比较)，然后调整伺服加载装置的进退，以达到设定的目标值；并同时把这些数据送到计算机内，由计算机进行显示和数据处理，画出试验曲线并打印试验报告，完成轴向的闭环控制。围压系统的控制器也是德国DOLI 公司原装 EDC 全数字伺服控制器，在围压系统中还有一个压力传感器；EDC 控制器把压力信号进行放大处理后进行显示和控制。剪切系统的 EDC 控制器控制原理与轴压一致。

图 4.2　轴向、径向变形传感器

计算机系统是试验机的控制核心，它同时控制三台 EDC 控制器，使 EDC 按设置的程序参数进行工作，并实时自动采集、存储、处理三台 EDC 通道的测量数据，实时画出多种试验曲线，实现对试验全过程实时、精确地控制。工作时只需将 EDC 置于 PC-Control 状态，即可将全部操作纳入计算机控制。可对试验数据实时采集、运算处理、实时显示并打印结果报告，流变仪的原理如图 4.3 所示。

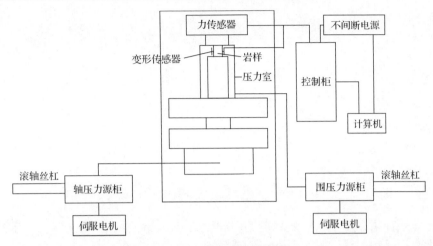

图 4.3　流变仪原理示意图

该流变仪轴向压力范围为 0～2000kN，围压范围为 0～50MPa。仪器测力精度为±1%，变形测量精度为±0.5%，连续工作时间大于 1000h，能够完成岩石三轴、岩石直剪、岩石三轴蠕变、岩石三轴松弛、岩石剪切蠕变等多种试验，可以满足本章蠕变试验的要求。

4.2　加载方式与数据处理方法

4.2.1　加载方式

蠕变试验有两种加载方式，即分别加载和分级加载[192]。分别加载是在完全相同的仪器与试验条件下，对若干个物理力学性质完全相同的同种材料试样分别在不同的应力水平下同时进行试验，观测试样蠕变变形与时间的关系，直至岩石试样破坏，得到一组不同应力水平下的蠕变曲线，如图 4.4(a) 所示。分级加载，就是在同一试样上逐级施加不同的应力水平，即施加某一级应力水平后，观测岩石的蠕变变形，当达到规定的时间或蠕变变形基本趋于稳定后，施加下一级应力水平，并观测其蠕变变形情况，依次类推，直至岩石试样发生破坏为止，其蠕变曲线如图 4.4(b) 所示。由图 4.4 可以看出，分别加载蠕变曲线与分级加载蠕变曲线在形态上存在很大的差别。

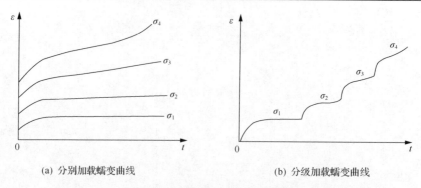

(a) 分别加载蠕变曲线　　　　　　　　　　(b) 分级加载蠕变曲线

图 4.4　两种加载方式的蠕变曲线

分别加载方法，可以避免前期加载历史对试样力学性质的影响，直接得到蠕变全过程曲线，并且曲线不需要处理，这种方法在理论上是比较理想的蠕变试验方法。然而就目前现有的试验条件，真正做到严格的分别加载是非常不容易的，一方面由于岩石材料本身的非均质性，要取得一组性质完全相同的试样是很困难的；另一方面，有几个应力水平就需要在几台完全相同的仪器上同时进行蠕变试验，试验过程中难以保证多台仪器同时运转，试验难度大。而采用分级加载方式，可以有效避免由于试样的非均质性及操作等原因带来的试验误差，但前一级施加的应力水平会对岩样造成一定程度的损伤，这种损伤将影响下一级应力水平下试样的变形特性，并且着应力水平增高，试样的损伤会逐级累加。因而两种岩石蠕变试验加载方法各有优缺点。但分级加载方法克服了分别加载的各种局限性，是目前国内外室内岩石流变试验常用的加载方式。

4.2.2　Boltzmann 叠加原理

分级加载蠕变曲线不能直接使用，除非实际工程中荷载是逐级施加的。因此，需要将分级加载的蠕变曲线转化成图 4.4(a) 所示的分别加载蠕变曲线形式。目前的做法是假定材料满足线性叠加原理，使用 Boltzmann 叠加原理进行处理。尽管 Boltzmann 叠加会给岩石流变曲线带来一定的偏差，但极大地减少了数据处理工作量，使蠕变试验研究得以推广，而且这种处理方法在岩石流变研究中已经得到了广泛的应用，处理结果也便于相互对比。

Boltzmann 叠加原理是解决线性黏弹性行为的第一个数学处理方法。这一原理主要内容为[193]：①试样中的蠕变是整个加载历史的函数；②每一阶段施加的荷载对最终变形的贡献是独立的。因此，试样的最终变形是各阶段荷载所引起的变形的线性叠加。

对于线性材料，可以运用 Boltzmann 叠加原理计算几个荷载共同产生的应变。假定在 $t=0$ 时，应力 σ_0 突然作用，从而产生应变

$$\varepsilon(t) = \sigma_0 J(t) \tag{4.1}$$

式中，$J(t)$ 为蠕变柔量。

它被定义为每单位作用应力产生的应变

$$J(t) = \varepsilon(t) / \sigma_0 \tag{4.2}$$

如果应力 σ_0 一直保持不变，那么式(4.1)就可以描述整个时间范围内的应变。但是，如果 $t=t'$ 时，又有一附加应力 $\Delta\sigma$ 作用，则 $t > t'$ 时将产生与 $\Delta\sigma$ 呈比例的附加应变，此附加应变依赖于同样的蠕变柔量。然而，对于这个附加应变，时间是从 $t=t'$ 开始计算的，因此对于 $t > t'$ 的总应变为

$$\varepsilon(t) = \sigma_0 J(t) + \Delta\sigma J(t - t') \tag{4.3}$$

对于更普遍的情况，假设 $t=0$ 时，突然作用一个应力 σ_0，但是随后应力 σ 是随时间变化的任意函数，则(4.3)式可以写成

$$\varepsilon(t) = \sigma_0 J(t) + \int_0^t J(t - t') \mathrm{d}\sigma(t') \tag{4.4}$$

式(4.4)被称为遗传积分，表明在任意给定的时刻应变依赖于 $t' < t$ 的整个应力历史 $\sigma(t')$，这就是考虑流变特性的材料与弹性材料最大的区别。

利用 Stieltjes 卷积分，上述遗传积分可以简单表达为

$$\varepsilon(t) = J(t) \mathrm{d}\sigma(t) \tag{4.5}$$

4.3　试　验　方　法

试验所用岩石试样采自巫山至奉节段高速公路 YK33+500～K33+900 处大水田边坡底部弱、微风化的粉砂质泥岩层，其矿物成分、基本物理力学性质见第 3 章。

为尽可能消除岩样离散性对试验结果的影响，岩块采自同一层位，采集后用石蜡密封。运抵实验室后，采用水钻法沿垂直层理面的方向钻心取样，

用锯石切割机将岩心两端面切割平整，在磨石机上进行研磨，制成尺寸为 Φ50mm×100mm 的圆柱形岩样，用于三轴蠕变试验。岩样严格按照国际岩石力学学会(International Society for Rock Mechanics，ISRM)试验规程加工[194]，试样端面平整度和侧面平整度控制在 0.003mm 范围内，满足蠕变试验要求，制备好的试样如图 4.5 所示。为防止湿度变化对蠕变试验结果的影响，将加工好的岩样用保鲜膜包裹后放置在保湿缸内。

图 4.5　岩石试样

由于试验周期长，温度和湿度对蠕变试验结果的影响不容忽视。此次试验在岩石三轴、剪切流变专用试验室内进行。试验室严格控制恒温和恒湿条件。试验室分为里间、外间，流变试验仪放在里间，并在里间配备了惠康 NUC203 恒温恒湿机，计算机放在外间。试验中严格控制人员进入里间，以免带导致室温发生变化，影响试验结果。试验过程中室内的温度始终控制在 22.0℃±0.5℃，湿度控制在 40%±1%。

考虑到三轴压缩蠕变试验时间较长，且现场采集的岩样数目有限，而分级加载试验方法极大减少了试样和试验仪器的数量，还可以避免试样之间由于性质差异而导致的试验数据离散等问题[195, 196]，因此本节岩石蠕变试验采用分级加载试验方法。取样点大水田边坡应力场主要考虑上覆岩体的自重应力与侧压力，边坡最大坡高 49.1m，同时考虑取样点位于齐耀山背斜的南翼，有少量残余构造应力的影响，因此试验中围压设置为 1MPa。将常规三轴压缩试验获得的该围压下试样常规抗压强度的 75%~85%作为拟施加的最大荷载，将最大荷载分为 6~8 级，在同一试样上由小到大逐级施加荷载。为避免加载应力过大，造成试样过快破坏，试验中各级应力水平差值取 2MPa，各级荷载持续施加的时间由试样的应变速率控制。蠕变试验的稳定标准采用当变形增量小于 0.001mm/d 时，则施加下一级荷载，直至试样发生破坏，试验停止。

三轴压缩蠕变试验步骤为：

(1)用游标卡尺测量岩石试样的精确尺寸，记录相应数据。用合适的热缩管将试样与上下压头一起套上，用电加热器(电吹风)给热缩管加热，使热缩管均匀收缩将试样全部包住。在上下压头处用喉箍与橡胶套进行密封，防止试验过程中液压油进入试样，从而影响试验结果。

(2)安装轴向、径向变形传感器。把轴向传感器下面四个螺丝旋紧在下压头上，变形锥固定在上压头上，使传感器的四个变形杆都接触到变形锥上，并使杆变形量为 1mm 左右。径向变形传感器放在轴向变形传感器里面，将四个变形杆上的螺丝均匀地压在试样上，压缩量为 1mm 左右。

(3)将试样放入流变仪的自平衡三轴压力室内，调整试样，使试样的轴线与仪器加载中心线相重合，避免试样偏心受压。把轴向、径向变形传感器的插头插在压力室的插座上。将球面座放置在上压头上。连接轴向、径向 EDC 控制器，使控制软件与控制器相连接，完成试样的安装，如图 4.6 所示。

图 4.6　试样的安装

(4)先对试样施加 0.5MPa 的轴向荷载，以保证试样与压力机的压头接触紧密，避免施加围压过程中的扰动使压力室内的岩样发生移动。然后逐渐增大围压至设定值，围压加载速率为 0.05MPa/s，待变形稳定后，将轴向及径向变形传感器数据清零。保持围压不变，采用分级加载方式施加轴向压力，每级荷载加载速率为 0.5MPa/s，当加载至第一级应力水平时，保持轴向应力不变，记录试样应变与时间的关系。试验过程中计算机自动采集数据，采集频率为：加载过程中每分钟 100 次，加载后 1h 内每分钟 1 次，之后为每 5 分钟 1 次。若观测到加速流变现象则增加采集次数，为每分钟 100 次。

(5)当第一级应力水平下试样的变形稳定后，将荷载加至第二级应力水平，保持应力恒定，记录试样应变与时间的关系。当变形稳定后再施加下一级应力水平，直至试样破坏为止，试验结束。

(6)依次卸载轴压、围压，取出试样，描述其破坏形式，整理试验数据。

4.4　试 验 结 果

蠕变试验共施加了 9 级荷载，各级荷载持续时间大于 80h，历时 756h，图 4.7 给出了分级加载下粉砂质泥岩的蠕变曲线。蠕变曲线上的数值代表施加的各级轴向应力，单位为 MPa。

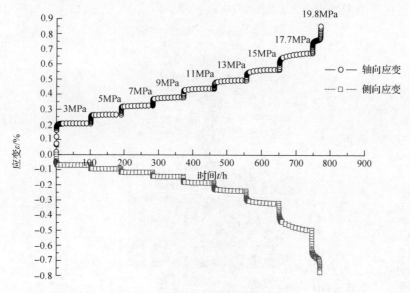

图 4.7　粉砂质泥岩分级加载蠕变曲线

由于采用了分级加载方式，因此需要采用 Boltzmann 叠加原理对试验数据进行处理，将分级加载条件下的蠕变曲线转化为分别加载条件下的蠕变曲线，转化后得到的粉砂质泥岩轴向分别加载蠕变曲线及径向分别加载蠕变曲线如图 4.8、图 4.9 所示。

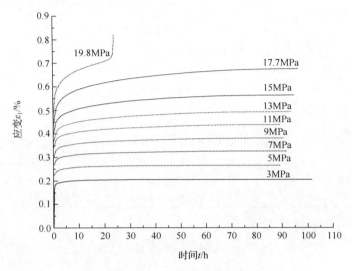

图 4.8　粉砂质泥岩轴向分别加载蠕变曲线

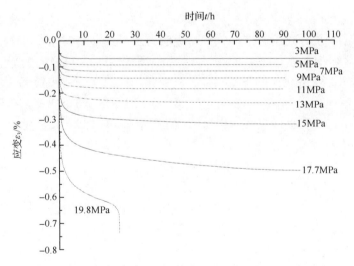

图 4.9　粉砂质泥岩径向分别加载蠕变曲线

根据试验结果，将各级应力水平下岩石轴向与径向的瞬时应变、蠕应变及总应变列于表 4.1。

表 4.1   各级应力水平下岩石的轴向、径向瞬时应变、蠕应变以及总应变

应力等级	$(\sigma_1-\sigma_3)$/MPa	轴向应变/%				径向应变/%			
		瞬时应变	蠕应变	总应变	蠕应变/总应变	瞬时应变	蠕应变	总应变	蠕应变/总应变
1	3.0	0.16185	0.04323	0.20508	0.21081	0.05064	0.01900	0.06964	0.27283
2	5.0	0.22308	0.04208	0.26517	0.15871	0.06664	0.02672	0.09336	0.28620
3	7.0	0.26337	0.06208	0.32545	0.19076	0.08292	0.03426	0.11728	0.29212
4	9.0	0.29903	0.08143	0.38047	0.21404	0.10172	0.04308	0.14380	0.29958
5	11.0	0.33632	0.10145	0.43777	0.23174	0.12592	0.06032	0.18624	0.32388
6	13.0	0.36522	0.12762	0.49283	0.25895	0.15204	0.08744	0.23948	0.36512
7	15.0	0.39525	0.16837	0.56362	0.29873	0.18004	0.14104	0.32108	0.43927
8	17.7	0.43188	0.24347	0.67535	0.36050	0.24004	0.25772	0.49776	0.51776
9	19.8	0.47700	0.34267	0.81967	0.41806	0.33776	0.40084	0.73860	0.54270

4.5   岩石蠕变规律

4.5.1   轴向与径向蠕变规律

(1)由图 4.8、图 4.9 可知，粉砂质泥岩的轴向应变、径向应变均可以分为两部分：一部分是瞬时应变，即每级应力水平施加瞬间试样产生的瞬时变形；另一部分是蠕变应变，即在恒定应力水平作用下，试样的变形随时间而增长。在前 8 级应力水平下，轴向蠕变曲线和径向蠕变曲线均可以划分为两个阶段；第一阶段是衰减蠕变阶段，第二阶段是稳定蠕变阶段。在最后一级应力水平下，蠕变曲线呈现了完整的三个蠕变阶段，即衰减蠕变阶段、稳定蠕变阶段及加速蠕变阶段。

(2)试样轴向和径向的衰减蠕变阶段历时随偏差应力的增加而延长，即应力水平越高，岩石发生衰减蠕变的时间越长。以轴向蠕变为例，当应力水平为 3MPa 时，初始的 7h 蠕变速率明显衰减，为衰减蠕变阶段，随后蠕变速率随时间增加保持不变，即进入等速蠕变阶段；而当应力水平达 17.7MPa 时，衰减蠕变阶段历时达 20h 左右。

(3)表 4.1 中，19.8MPa 应力水平下的蠕应变是指岩石进入加速蠕变阶段前的蠕变量，即岩石衰减蠕变阶段和稳定蠕变阶段所产生的蠕变量。从表 4.1 中可以看出，粉砂质泥岩试样的蠕变规律具有一般性，轴向与径向的瞬时应变、蠕应变及总应变均随应力水平的增加而增大。在各级应力水平下，轴向的瞬时应变与总应变始终比径向的瞬时应变与总应变大。表明在三轴压缩应力状态下，岩石的总体变形以轴向瞬时压缩为主。在前 7 级应力水平下，轴向蠕应变大于径向蠕应变，径向的瞬时应变大于径向蠕应变，而在第 8、第 9 级应力水平下，轴向蠕应变小于径向蠕应变，径向的瞬时应变也小于径向蠕应变。随应力水平的增加，试样的轴向蠕应变与径向蠕应变占各自总应变的比例也随之而增高。在各级应力水平下，径向蠕应变占径向总应变的比例始终比轴向蠕应变占轴向总应变的比例大。在第 8、第 9 级应力水平下，径向蠕应变占径向总应变的百分比超过了 50%，分别为 51.8%、54.3%，因此，岩石的径向蠕变效应更为明显。

(4)如表 4.1 所示，在第 1 级应力水平下试样的径向瞬时应变、蠕应变均较轴向均小很多，主要原因是试样自静水加载开始，轴向及径向始终处于三向受压状态，岩石材料内部原有的裂隙被压密，孔洞被压缩闭合，而岩石材料本身并未达到受压屈服状态，因此，其径向受围压的约束作用，在较低的应力水平下没有出现较大的变形。

(5)在最后一级应力水平下，径向蠕变经过衰减蠕变阶段、稳定蠕变阶段后，在 21.14h 达到加速蠕变阶段，而轴向蠕变经过衰减蠕变阶段、稳定蠕变阶段后，在 21.85h 达到加速蠕变阶段，因此，岩石径向蠕变比轴向蠕变先进入加速蠕变阶段。

(6)在试验过程中，岩石的轴向蠕变及径向蠕变均没有出现明显的起始蠕变强度，即在较低的应力水平下，岩石的变形亦随时间而增大。试样的轴向应变及径向应变历时曲线在低应力水平下均呈现出衰减蠕变阶段，在较高应力水平下，呈现出稳定蠕变阶段，而且每一级应力水平下均有持续一段时间的稳定蠕变，稳定蠕变速率在同级应力水平下几乎为常数，不同应力水平下的蠕变速率也很接近，与应力水平增量没有明显的比例关系。

(7)蠕变试验中，试样进入加速蠕变瞬间对应的轴向应变为 0.76%，而相同围压下岩石的常规力学试验中，试样发生破坏瞬间对应的轴向峰值应变为 1.35%。因此，两种试验试样破坏瞬间，常规力学试验的岩石轴向应变较蠕变试验轴向应变大。

4.5.2　蠕变速率规律

计算图 4.8、图 4.9 中蠕变曲线各时刻试验数据点的斜率，可以得到粉砂质泥岩在各级应力水平下蠕变速率与时间的关系曲线如图 4.10、图 4.11 所示。图中最外侧的曲线为第 9 级应力水平下的蠕变速率曲线，向内依次为上一级应力水平下的蠕变速率曲线，最靠近坐标轴的曲线为第 1 级应力水平下的蠕变速率曲线。

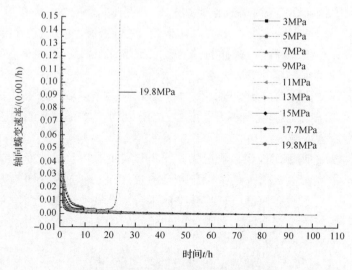

图 4.10　轴向蠕变速率与时间关系曲线

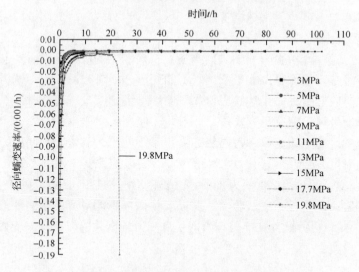

图 4.11　径向蠕变速率与时间关系曲线

　　从图中可以看出，在前 8 级应力水平下，轴向及径向蠕变速率只表现了两个阶段，即初始蠕变速率阶段：蠕变速率随着时间的增长，很快衰减为一恒定值；稳态蠕变速率阶段：随着时间的增长，蠕变速率基本保持不变，对应的蠕变速率为稳态蠕变速率。在低应力水平时，稳态蠕变速率接近 0，而在较高应力水平时，稳态蠕变速率表现的特征与低应力水平时基本相同，不同的是稳态蠕变速率是大于 0 的常量。在最后一级应力水平时，出现了加速蠕变速率阶段，蠕变速率与时间的关系曲线呈盆状，蠕变速率经历了开始阶段较大，然后逐渐减小至速率保持恒定，最后发展到迅速增加的过程。并且在最后一级水平下，轴向和径向的加速蠕变速率都大于该级应力水平下的初始蠕变速率。

如图 4.10、图 4.11 所示，在粉砂质泥岩分级加载蠕变试验中，稳态蠕变速率阶段是岩石蠕变的主要阶段，并且随着应力水平的逐级增大，轴向蠕变和径向蠕变的稳态蠕变速率均有不同程度的增加。从蠕变速率曲线还可以看出，应力水平越高，该级应力下的初始蠕变速率越大，到达稳定蠕变阶段的稳态蠕变速率也越大；应力水平越低，该级应力下的初始蠕变速率越小，到达稳定蠕变阶段的稳态蠕变速率也越小。

图 4.12 给出了在最后一级应力水平下粉砂质泥岩轴向与径向的蠕变速率与时间的关系曲线。

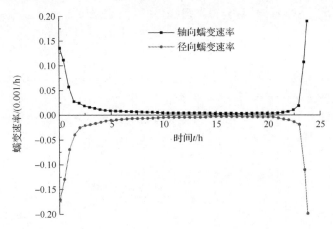

图 4.12　粉砂质泥岩轴向与径向的蠕变速率与时间关系曲线

从图中可以看出，粉砂质泥岩在最后一级应力水平下轴向蠕变速率与径向蠕变速率均经历了三个阶段，即初始蠕变速率阶段、稳态蠕变速率阶段和加速蠕变速率阶段。在初始蠕变速率阶段，轴向蠕变速率从 1.35×10^{-4}/h 减少至 4.11×10^{-6}/h，而径向蠕变速率从 1.71×10^{-4}/h 减少至 4.72×10^{-6}/h，试样的轴向初始蠕变速率稍小于径向初始蠕变速率。在稳态蠕变速率阶段，试样的轴向蠕变速率为 4.11×10^{-6}/h，径向蠕变速率为 4.72×10^{-6}/h，试样的轴向稳态蠕变速率稍小于径向稳态蠕变速率。对比加速蠕变速率阶段轴向与径向的蠕变速率，可以看出试样的径向加速蠕变速率明显高于轴向加速蠕变速率。

综合以上论述可以得出：在最后一级应力水平下，试样径向的初始蠕变速率、稳态蠕变速率及加速蠕变速率均高于轴向相应的蠕变速率，这是导致岩石发生蠕变破坏的重要原因。因此，粉砂质泥岩的径向蠕变比轴向蠕变更敏感，以径向蠕变来判断岩石是否发生蠕变破坏更合理。工程实践中，一旦发生这样的加速蠕变，造成的后果是相当严重的。在工程中应加强对岩石径向蠕变的监测工作，这对工程失稳的预测预报将更有意义。

4.5.3　体积蠕变规律

岩石的体积应变和体积扩容是岩石具有的一种普遍性质，同时也是岩石流变力学特性研究中的一个重要课题。扩容是岩石在荷载作用下，在其破坏之前产生的一种明显的非弹性体积变形。研究岩石的体积应变不仅可以深入了解岩石的性质，同时还可以预测岩石的破坏。而关于岩石体积的蠕变规律，尤其是三向应力状态下的体积蠕变规律研究，目前发表的相关文献还较少。体积应变不能直接通过试验测得，可按下式计算得到：

$$\varepsilon_v = \varepsilon_1 + 2\varepsilon_3 \tag{4.6}$$

式中，ε_v 为体应变；ε_1 为轴向应变；ε_3 为径向应变。其中，正号表示压应变，负号表示拉应变。

基于岩石的轴向应变和径向应变试验结果，根据式(4.6)计算得到粉砂质泥岩蠕变过程中体积应变与时间的关系曲线，如图 4.13 所示。

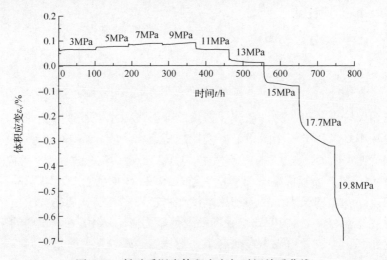

图 4.13　粉砂质泥岩体积应变与时间关系曲线

从图中可以看出，岩石的体积应变也可以分为两部分：一部分是瞬时应变，另一部分是蠕应变。在前 8 级应力水平下，体积蠕变曲线可以划分为两个阶段；即衰减蠕变阶段，稳定蠕变阶段。在最后一级应力水平下，体积蠕变曲线可以划分为三个蠕变阶段，即衰减蠕变阶段、稳定蠕变阶段及加速蠕变阶段。岩石体积应变与时间的关系要比轴向应变及径向应变随时间的变化关系复杂。在各级应力水平作用下，蠕变曲线均出现一定的波动，这表明试样的体积应变要比轴向应变与径向应变更能准确地反映出试样内部承载力随时间不断损伤弱化的过程。

分级加载条件下，随时间的增加，粉砂质泥岩的体积应变经历了一个体积压缩，应变逐渐增加到体积应变逐渐减少再到扩容的非线性变化过程。当应力水平为 3MPa 时，体积蠕变曲线变化较为稳定，这反映了材料内在的承载结构随时间增长而不断损伤弱化调整的过程。随应力水平的增加，粉砂质泥岩被压缩，体积增加，但增加速率较小。从 3MPa 到 9MPa 历时 373.30h，体积应变由 0.07%增加至 0.09%，此时体积压缩应变达最大值，之后体积应变开始逐渐减小，表明应力水平 9MPa 是试样从以轴向压缩变形为主转变为以径向膨胀变形为主的临界应力。当应力水平达 15MPa 时，试样体积应变从 0.01%迅速减小至 0，之后变为负值，此时岩样发生反向扩容。因此，15MPa 应力水平是粉砂质泥岩产生体积扩容的临界应力。由于径向应变的增长速度加快，随着时间的增加，岩样体积持续发生扩容。在 191.23h 内从 0 减至 –0.52%，反向增加了 0.52%，此时试样体积呈增加趋势。但在 19.8MPa 应力水平下，岩石体积变形几乎以与体积应变轴平行的发展趋势发生加速蠕变，发生破坏瞬间，体积扩容，体积应变达–0.70%，这一应变值是体积压缩应变最大值的 7.48 倍，体积扩容效应非常明显。加速蠕变阶段体积蠕变增加非常迅速，从而也使得岩石的破裂具有突变性，不易控制，在工程中应对加速蠕变阶段产生的扩容现象足够重视。

一般而言，弹性变形是变形的线性部分，而体积扩容是变形的非线性部分，若从岩石变形的内部结构来理解，体积扩容是岩石内部颗粒和颗粒界面的滑移及微裂纹的静态扩展造成的不可逆变形所导致的结果。

4.5.4　应力应变等时曲线

由蠕变试验数据可以做出粉砂质泥岩轴向应变与径向应变的等时曲线，如图 4.14 所示。从等时曲线中可以看出以下特点：

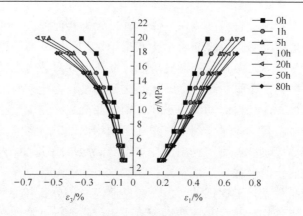

图 4.14　应力应变等时曲线

　　(1)不同时刻的应力应变等时曲线形状不同,表明粉砂质泥岩具有明显的蠕变特性。

　　(2)应力应变等时曲线为一簇曲线,随应力和时间的增加,曲线逐渐凹向应变轴,说明应变随时间的增加而逐渐增大,变形模量随时间的增加而逐渐减小,表明粉砂质泥岩的蠕变具有明显的非线性特征,且随着应力水平的提高,非线性的特征越来越明显。同时可以看出:径向应变等时曲线向应变轴偏移的程度比轴向应变等时曲线偏移程度大,表明岩石径向蠕变的非线性特征比轴向蠕变更明显。

　　(3)在应力应变等时曲线上有比较明显的近似直线变到曲线的转折点,转折点前后曲线斜率有明显变化,表明粉砂质泥岩可视为弹黏塑性体。在前 8 级应力水平下,轴向应变与径向应变等时曲线近似为一组直线,表明粉砂质泥岩在低于破裂应力水平下可视为线性黏弹性体,当达到破裂应力水平时,轴向应变与径向应变等时曲线为一组曲线,表明粉砂质泥岩在破裂应力水平下可视为黏弹塑性体。因此,可以用一线性黏弹性模型与一非线性黏塑性模型串联而成的组合模型来描述岩石的蠕变特性。

　　(4)在轴向应变等时曲线中,直线段较长,曲线段较短,表明粉砂质泥岩的轴向应变黏弹性阶段较长,黏弹性应变比黏塑性应变多,黏塑性应变在总的轴向应变中所占比例较小。而在径向应变等时曲线中,与轴向应变等时曲线相比,直线段变短,曲线段加长,表明粉砂质泥岩的径向应变黏塑性阶段变长,黏弹性阶段变短,黏弹性应变在总的径向应变中所占比例变小,且应力水平越高,径向黏塑性应变越明显。因此,三轴压缩蠕变试验中粉砂质泥岩的径向黏塑性应变量较轴向大,而黏弹性应变量较轴向小。

4.5.5　长期强度

在某级应力水平下如果出现加速蠕变，当该级应力作用时间足够长，试样会发生蠕变破坏，因此可以把出现加速蠕变阶段的轴向应力作为长期强度。

本章蠕变试验围压为 1MPa，根据常规三轴压缩试验获得的岩石常规强度指标，该级围压下粉砂质泥岩的常规强度为 26.6MPa。蠕变试验中试样破坏时的轴向应力为 19.8MPa，该级围压下粉砂质泥岩的长期强度为 19.8MPa。长期强度仅为常规强度的 74.4%，长期强度大幅折减，在工程防治中应考虑岩石长期强度折减的问题。

根据 4.5.1 节及 4.5.2 节的论述，径向蠕变比轴向蠕变先进入加速蠕变阶段，且径向加速蠕变速率高于轴向加速蠕变速率，因此，试验获得的长期强度实际上应是粉砂质泥岩的径向长期强度，径向先发生蠕变破坏从而导致试样破坏。

4.6　本　章　小　结

考虑到工程岩体总处于三向应力状态，采用 RLJW—2000 岩石三轴流变伺服仪，对巫山至奉节段高速公路沿线出露的 T_2b^2 粉砂质泥岩进行三轴压缩蠕变试验，基于试验结果，研究了岩石在不同应力水平下轴向应变、径向应变及体积应变随时间的变化规律，岩石在不同应力水平下轴向蠕变速率、径向蠕变速率随时间的变化规律，以及岩石轴向与径向的应力应变等时曲线随时间的变化规律，全面揭示了粉砂质泥岩的三轴蠕变特性，为岩石蠕变本构模型的建立以及参数辨识提供了可靠的依据。主要结论如下：

(1)采用分级加载方式，对粉砂质泥岩进行了三轴压缩蠕变试验，得到了完整的岩石蠕变试验曲线。采用 Boltzmann 叠加原理将分级加载蠕变曲线转化为分别加载蠕变曲线。得出的试验成果是研究巫山至奉节段高速公路沿线高边坡时效变形特性的重要基础资料，同时也进一步丰富了岩石流变试验数据。

(2)粉砂质泥岩的轴向应变、径向应变均可分为两部分：一部分是瞬时应变，另一部分是蠕变应变。在前 8 级应力水平下，轴向蠕变曲线和径向蠕变曲线均可以划分为两个阶段；第一阶段是衰减蠕变阶段，第二阶段是稳定蠕变阶段。在最后一级应力水平下，蠕变曲线呈现了完整的三个蠕变阶段，即衰减蠕变阶段、稳定蠕变阶段以及加速蠕变阶段。

(3) 粉砂质泥岩试样的蠕变规律具有一般性，轴向与径向的瞬时应变、蠕应变及总应变均随应力水平的增加而增大。在各级应力水平下，轴向的瞬时应变与总应变始终比径向的瞬时应变与总应变大。表明在三轴压缩应力状态下，岩石的总体变形以轴向瞬时压缩为主。在前 7 级应力水平下，轴向蠕应变大于径向蠕应变，径向的瞬时应变大于径向蠕应变，而在第 8、9 级应力水平下，轴向蠕应变小于径向蠕应变，径向的瞬时应变也小于径向蠕应变。随应力水平的增加，试样的轴向蠕应变与径向蠕应变占各自总应变的比例也随之而增高。在各级应力水平下，径向蠕应变占径向总应变的比例始终比轴向蠕应变占轴向总应变的比例大。因此，岩石的径向蠕变效应更为明显。

(4) 在前 8 级应力水平下，轴向以及径向蠕变速率只表现了两个阶段，即初始蠕变速率阶段和稳态蠕变速率阶段。在最后一级水平时，出现了加速蠕变速率阶段。稳态蠕变速率阶段是岩石蠕变的主要阶段，应力水平越高，该级应力下的初始蠕变速率越大，到达稳定蠕变阶段的稳态蠕变速率也越大；应力水平越低，该级应力下的初始蠕变速率越小，到达稳定蠕变阶段的稳态蠕变速率也越小。

(5) 在最后一级应力水平下，岩石径向蠕变比轴向蠕变先进入加速蠕变阶段，径向的初始蠕变速率、稳态蠕变速率及加速蠕变速率均高于轴向相应的蠕变速率，这是导致岩石发生蠕变破坏的重要原因。因此，粉砂质泥岩的径向蠕变比轴向蠕变更敏感，以径向蠕变来判断岩石是否发生蠕变破坏更合理。在工程中应加强对岩石径向蠕变的监测工作，这对于工程失稳的预测预报将更有意义。

(6) 分级加载条件下，随时间的增加，粉砂质泥岩的体积应变经历了一个体积压缩，应变逐渐增加到体积应变逐渐减少再到扩容的非线性变化过程。当应力水平为 9MPa 时，体积压缩应变达最大值，此应力水平是试样从以轴向压缩变形为主转变为以径向膨胀变形为主的临界应力。当应力水平达 15MPa 时，试样体积应变迅速减小至 0，之后发生反向扩容。此应力水平是岩石产生体积扩容的临界应力。试样发生加速蠕变破坏瞬间，体积扩容，体积应变达–0.70%，这一应变值是体积压缩应变最大值的 7.48 倍，体积扩容效应非常明显。加速蠕变阶段体积蠕变增加非常迅速，从而也使岩石的破裂具有突变性，不易控制，在工程中应对加速蠕变阶段发生的扩容现象足够重视。

(7) 不同时刻的应力应变等时曲线形状不同，表明粉砂质泥岩具有明显的蠕变特性。粉砂质泥岩的蠕变具有明显的非线性特征，且随着应力水平的提高，非线性的特征越明显。岩石径向蠕变的非线性特征比轴向蠕变更明显。

粉砂质泥岩可视为弹黏塑性体，在低于破裂应力水平下可视为线性黏弹性体，在破裂应力水平下可视为黏弹塑性体，可以用一线性黏弹性模型与一非线性黏塑性模型串联而成的组合模型来描述岩石的蠕变特性。粉砂质泥岩的径向黏塑性应变量较轴向大，而黏弹性应变量较轴向小。

(8) 蠕变试验中粉砂质泥岩的长期强度为 19.8MPa，该级围压下岩石的常规强度为 26.6MPa，长期强度仅为常规强度的 74.4%，长期强度大幅折减，在工程防治中应考虑岩石长期强度折减的问题。由于岩石径向蠕变比轴向蠕变先进入加速蠕变阶段，且径向加速蠕变速率高于轴向加速蠕变速率，因此试验中获得的长期强度实际上应是粉砂质泥岩的径向长期强度，径向先发生蠕变破坏从而导致试样破坏。

第 5 章　岩石蠕变本构模型

岩石蠕变本构模型与参数辨识是岩石力学理论和工程实践中的两大研究课题，也是构架理论联系实际的桥梁。根据岩石蠕变试验资料建立符合实际的蠕变本构模型并确定相应的模型参数是岩石流变学研究的一项重要内容。蠕变模型应能反映岩石的变形机理及其内在本质规律。由于岩石材料具有不连续性、非均质性、各向异性等特点，要建立一种能够全面反映岩石各种变形特征且普遍适用的本构模型几乎是不可能的，即便找到了这种理想的模型，也会因为模型结构太复杂、参数太多难以确定等原因而不能将模型有效地应用于工程实际。因此，针对工程实际，建立能较好反映岩石主要蠕变力学特性且简单实用的本构模型是十分必要的。

目前，建立岩石流变本构模型主要有两种方法：经验模型理论和元件模型理论。经验模型理论是从岩石的流变特征出发，对流变试验曲线进行直接拟合，从而得出岩石的经验本构模型。由于岩石材料的不同及试验方法的不同，蠕变经验模型有很多类型。一般岩石的蠕变经验模型有如下几种主要类型：对数型、幂律型、指数型及三者的混合方程。经验模型是由具体的岩石蠕变试验得出的，很难推广应用到其他应力状况中，从模型的形式上看，也不易被应用于工程数值分析中。而元件组合模型具有简单直观、物理意义明确等优点，可以将复杂的岩石流变特性直观地表现出来，有助于从概念上认识岩石变形的弹性、黏性及塑性分量，能全面反映岩石的多种流变特性，如蠕变、应力松弛、弹性后效及黏性流动等，易于被工程技术人员接受，因此，在岩土工程领域中岩石的元件组合模型得到了广泛的应用。

由第 4 章可知，低于破裂应力水平时，粉砂质泥岩表现出典型的黏弹性特性，当达到破裂应力水平时，表现出典型的黏弹塑性特征，可以用一线性黏弹性模型与一非线性黏塑性模型串联而成的组合模型来描述岩石的蠕变特性。由于元件模型的优点，本章采用元件模型理论建立粉砂质泥岩的线性黏弹性蠕变模型，以描述岩石的衰减蠕变、稳定蠕变特性。针对线性元件模型不能反映岩石加速蠕变特性的缺点，引入非线性元件，将其与线性黏弹性蠕变模型串联起来，建立能描述岩石加速蠕变特性的非线性黏弹塑性蠕变模型。

5.1　线性黏弹性蠕变模型

5.1.1　元件模型的选取

元件模型是用虎克体(H)、牛顿体(N)、圣维南体(S)的组合来模拟岩土的弹性、塑性、黏弹性、黏塑性等力学特征。元件模型中较著名的有 Maxwell 模型、Kelvin 模型、Bingham 模型、西原正夫模型、Poynting-Thamson 模型、Burgers 模型等，还有用 N 个相同的模型串联或并联，形成广义模型，如广义 Maxwell 模型，广义 Kelvin 模型等。从理论上讲，元件越多，结果就越精确，模型越能准确地反映岩土的流变特性，但在实际应用中，元件越多，所要确定的参数也越多，给工程应用带来困难[197]。

在低于破裂应力水平时，粉砂质泥岩的试验曲线具有如下特点：

(1)施加某一应力水平后，岩石立即产生瞬时弹性应变，表明元件模型中应包含弹性元件。

(2)在一定的应力水平下，无论轴向应变还是径向应变，均有随时间增加呈增大的趋势，表明元件模型中应包含黏壶元件。

(3)随着时间的增加，蠕变速率逐渐减小并最终趋于某一恒定值，因此岩石的蠕变力学行为包括第一阶段的衰减蠕变和第二阶段的稳定蠕变。

基于以上对蠕变试验曲线特征的分析，可以看出粉砂质泥岩表现出明显的黏弹性特征。描述岩石黏弹性蠕变的元件组合模型有很多种，目前最常用的有三元件的广义 Kelvin 模型与四元件的 Burgurs 模型等。Burgers 模型是由 Maxwell 体与 Kelvin 体串联而成的组合体，是一种黏弹性体，能够较好地描述具有衰减蠕变和稳定蠕变特征的蠕变曲线，并且模型简单实用。用增加弹性单元和黏性单元的方法还可以组成更复杂合理的模型，但是 Burgers 模型对于工程实用而言已经足够，该模型获得了广泛的应用[198-200]。因此，本节选用 Burgers 模型来描述粉砂质泥岩的衰减蠕变与稳定蠕变特性，并确定其模型参数。

5.1.2　Burgers 模型

Burgers 模型由 Kelvin 体与 Maxwell 体串联而成，简称 Bu 体，又称四单元体，如图 5.1(a)所示，下面给出 Burgers 模型的本构方程、蠕变方程及应力松弛方程。

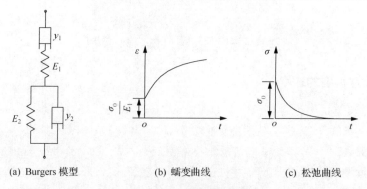

(a) Burgers 模型　　　　　　(b) 蠕变曲线　　　　　(c) 松弛曲线

图 5.1　Burgers 模型变形特性

E_1、y_1 分别为 Maxwell 体的弹性模量与黏滞系数；E_2、y_2 分别为 Kelvin 体的弹性模量与黏滞系数；
σ、ε 分别为 Burgers 模型的应力和应变；σ_0 为模型的初始应力。

1. 本构方程

采用微分算子法确定 Bu 体的本构方程，按串联法则：

$$\varepsilon = \varepsilon_1 + \varepsilon_2, \quad \sigma = \sigma_1 + \sigma_2 \tag{5.1}$$

式中，σ_1、ε_1 分别为 Maxwell 体的应力和应变；σ_2、ε_2 分别为 Kelvin 体的应力和应变。

由 Kelvin 体与 Maxwell 体的本构方程可得

$$\varepsilon_2 = \frac{\sigma_2}{E_2 + \eta_2 D}, \quad \varepsilon_1 = \frac{\dfrac{D}{E_1} + \dfrac{1}{\eta_1}}{D} \sigma_1 \tag{5.2}$$

其中 $D = \partial/\partial t$，根据式 (5.1) 则有：

$$\varepsilon = \frac{\sigma}{E_2 + \eta_2 D} + \frac{\dfrac{D}{E_1} + \dfrac{1}{\eta_1}}{D} \sigma \tag{5.3}$$

式 (5.3) 两边乘以 $D(E_2 + \eta_2 D)$，经整理后得

$$\sigma + \frac{\eta_1 \eta_2}{E_1 E_2} D^2 \sigma + \frac{(E_1 + E_2)\eta_1 + E_1 \eta_2}{E_1 E_2} D\sigma = \eta_1 D\varepsilon + \frac{\eta_1 \eta_2}{E_2} D^2 \varepsilon \tag{5.4}$$

将算符 D 作用于 σ 和 ε，则可得 Bu 体的本构方程：

$$\sigma + \left(\frac{\eta_2}{E_1} + \frac{\eta_1}{E_1} + \frac{\eta_1}{E_2}\right)\dot{\sigma} + \frac{\eta_1\eta_2}{E_1E_2}\ddot{\sigma} = \eta_1\dot{\varepsilon} + \frac{\eta_1\eta_2}{E_2}\ddot{\varepsilon} \tag{5.5}$$

式中，$\dot{\sigma}$、$\ddot{\sigma}$ 分别为应力 σ 的一阶及二阶微分算子；$\dot{\varepsilon}$、$\ddot{\varepsilon}$ 分别为应变 ε 的一阶及二阶微分算子。

令 $p_1 = \dfrac{\eta_1}{E_1} + \dfrac{\eta_1 + \eta_2}{E_2}$，$p_2 = \dfrac{\eta_1\eta_2}{E_1E_2}$，$q_1 = \eta_1$，$q_2 = \dfrac{\eta_1\eta_2}{E_2}$，则式 (5.5) 又可以写为

$$\sigma + p_1\dot{\sigma} + p_2\ddot{\sigma} = q_1\dot{\varepsilon} + q_2\ddot{\varepsilon} \tag{5.6}$$

2. 蠕变方程

设 Bu 体所受应力为 $\sigma = \sigma_0 H(t)$，则 $\dot{\sigma} = \sigma_0\delta(t)$，$\ddot{\sigma} = \sigma_0\dot{\delta}(t)$，代入式 (5.6)，则有：

$$\sigma_0 H(t) + p_1\sigma_0\delta(t) + p_2\sigma_0\dot{\delta}(t) = q_1\dot{\varepsilon} + q_2\ddot{\varepsilon} \tag{5.7}$$

式中，$H(t)$、$\delta(t)$、$\dot{\delta}(t)$ 均为初始应力 σ_0 的时间函数；p_1、p_2、q_1 和 q_2 均为方程系数。对上式进行拉普拉斯变换，整理后可得

$$\bar{\varepsilon} = \sigma_0 \left[\frac{1}{q_2}\frac{1}{s^2(s + q_1/q_2)} + \frac{p_1}{q_1}\frac{q_1/q_2}{s(s + q_1/q_2)} + \frac{p_2}{q_2}\frac{1}{s + q_1/q_2}\right] \tag{5.8}$$

对上式作逆变换再整理后可得 Bu 体的蠕变方程为

$$\varepsilon(t) = \sigma_0 \left[\frac{p_2}{q_2} + \frac{t}{q_1} + \left(\frac{p_1}{q_1} - \frac{p_2}{q_2} - \frac{q_2}{q_1^2}\right)\left(1 - \exp^{-q_1 t/q_2}\right)\right] \tag{5.9}$$

因 $\dfrac{p_2}{q_2} = \dfrac{1}{E_1}$，$\dfrac{1}{q_1} = \dfrac{1}{\eta_1}$，$\dfrac{p_1}{q_1} - \dfrac{p_2}{q_2} - \dfrac{q_2}{q_1^2} = \dfrac{1}{E_2}$，$\dfrac{q_1}{q_2} = \dfrac{E_2}{\eta_2}$，所以 Bu 体的蠕变方程又可以写成

$$\varepsilon(t) = \sigma_0 \left[\frac{1}{E_1} + \frac{t}{\eta_1} + \frac{1}{E_2}\left(1 - \exp^{-E_2 t/\eta_2}\right)\right] \tag{5.10}$$

式 (5.9) 或 (5.10) 即为 Bu 体的蠕变方程，其蠕变曲线如图 5.1(b) 所示。

3. 应力松弛方程

当 Bu 体上 $\varepsilon = \varepsilon_0 H(t)$ 时，$\dot{\varepsilon} = \varepsilon_0 \delta(t)$，$\ddot{\varepsilon} = \varepsilon_0 \dot{\delta}(t)$，由式 (5.6) 可得

$$\sigma + p_1 \dot{\sigma} + p_2 \ddot{\sigma} = q_1 \varepsilon_0 \delta(t) + q_2 \varepsilon_0 \dot{\delta}(t) \tag{5.11}$$

对式 (5.11) 进行拉普拉斯变换，整理后可得

$$\overline{\sigma} = \frac{\varepsilon_0}{p_2} \frac{q_1 + q_2 s}{\dfrac{1}{p_2} + \dfrac{p_1}{p_2} s + s^2} \tag{5.12}$$

对式 (5.12) 作逆变换再整理后，可得 Bu 体的松弛方程为

$$\sigma(t) = \frac{\varepsilon_0}{\sqrt{p_1^2 - 4p_2}} \left[(-q_1 + q_2 \alpha) \exp(-\alpha t) + (q_1 - q_2 \beta) \exp(-\beta t) \right] \tag{5.13}$$

式中

$$\alpha = \frac{1}{2p_2} (p_1 + \sqrt{p_1^2 - 4p_2})$$

$$\beta = \frac{1}{2p_2} (p_1 - \sqrt{p_1^2 - 4p_2})$$

当 $\sqrt{p_1^2 - 4p_2} > 0$ 时，Bu 体才有实际意义，因此组成 Bu 体时，它的四个流变参数 E_1、E_2、η_1 和 η_2 应受到此条件的限制。由式 (5.13) 可知，Bu 体有两个松弛时间，即 $1/\alpha$ 和 $1/\beta$，它们决定了 Bu 体的松弛特性。当 $t \to \infty$ 时，Bu 体内的应力会松弛到 0，其松弛曲线如图 5.1(c) 所示。

三维应力状态下，岩石内部的应力张量可以分解为球应力张量 σ_m 和偏应力张量 S_{ij}，其表达式为

$$\begin{cases} \sigma_m = \dfrac{1}{3}(\sigma_1 + \sigma_2 + \sigma_3) = \dfrac{1}{3}\sigma_{kk} \\ S_{ij} = \sigma_{ij} - \delta_{ij}\sigma_m = \sigma_{ij} - \dfrac{1}{3}\delta_{ij}\sigma_{kk} \end{cases} \tag{5.14}$$

式中，δ_{ij} 为 Kronecker 函数。

依据式 (5.14)，可以得到

$$\sigma_{ij} = S_{ij} + \delta_{ij}\sigma_m \tag{5.15}$$

一般而言，球应力张量 σ_m 只引起岩石体积的改变，而不改变其形状；偏应力张量 S_{ij} 只引起岩石形状的改变，而不改变其体积。

岩石内部的应变张量也可以分解为球应变张量 ε_m 和偏应变张量 e_{ij}，其表达式为

$$\begin{cases} \varepsilon_m = \dfrac{1}{3}(\varepsilon_1 + \varepsilon_2 + \varepsilon_3) = \dfrac{1}{3}\varepsilon_{kk} \\ e_{ij} = \varepsilon_{ij} - \delta_{ij}\varepsilon_m = \varepsilon_{ij} - \dfrac{1}{3}\delta_{ij}\varepsilon_{kk} \end{cases} \tag{5.16}$$

依据式(5.16)，可以得到

$$\varepsilon_{ij} = e_{ij} + \delta_{ij}\varepsilon_m \tag{5.17}$$

对于三维应力状态下的 Hooke 体有：

$$\begin{cases} \sigma_m = 3K\varepsilon_m \\ S_{ij} = 2Ge_{ij} \end{cases} \tag{5.18}$$

式中，K 为体积模量；G 为剪切模量。

假定岩石体积变化是弹性的，流变性质主要由偏差应力引起的，则三维应力状态下 Burgers 模型的蠕变方程为

$$e_{ij}(t) = \frac{S_{ij}}{2G_1} + \frac{S_{ij}}{2H_1}t + \frac{S_{ij}}{2G_2}\left[1 - \exp\left(\frac{G_2}{H_2}t\right)\right] \tag{5.19}$$

式中，S_{ij}、e_{ij} 分别为三维应力状态下岩体内部的偏应力张量与偏应变张量；G_1 为瞬时剪切模量；G_2 为黏弹性剪切模量；H_1、H_2 为黏滞系数。

同样，假定流变性质主要由偏差应变引起的，则三维应力状态下 Burgers 模型的松弛方程为

$$S_{ij}(t) = \frac{2e_{ij}^0}{\sqrt{p_1^2 - 4p_2}}[(-q_1 + q_2\alpha)\exp(-\alpha t) + (q_1 - q_2\beta)\exp(-\beta t)] \tag{5.20}$$

其中，

$$p_1 = \frac{H_1}{G_1} + \frac{H_1 + H_2}{G_2}, \quad p_2 = \frac{H_1 H_2}{G_1 G_2}, \quad q_1 = H_1, \quad q_2 = \frac{H_1 H_2}{G_2}$$

$$\alpha = \frac{1}{2p_2}\left(p_1 + \sqrt{p_1^2 - 4p_2}\right), \quad \beta = \frac{1}{2p_2}\left(p_1 - \sqrt{p_1^2 - 4p_2}\right)$$

5.1.3　Burgers 蠕变模型参数辨识

岩石流变模型参数辨识的方法主要有两种：①根据岩石流变试验曲线，采用幂函数、对数函数及指数函数等经验法直接对流变曲线进行拟合；②首先根据流变试验曲线的特点，找出与试验曲线相吻合的黏弹塑性流变元件模型，然后采用直接迭代法、最小二乘法、反演分析法或神经网络法等方法来辨识岩石流变模型参数。采用第二种方法辨识得到的流变模型参数能较好地应用于工程数值分析。因此，本节将基于粉砂质泥岩三轴蠕变试验曲线，采用第二种方法对蠕变模型进行参数辨识。

由于岩石流变模型的本构方程十分复杂，模型参数很难根据试验结果直接获得或通过简单的计算求取，一般采用回归分析法或最小二乘法辨识得出模型参数。最小二乘法应用最为广泛，拟合精度高，但通常存在初始参数值选取不当的问题，若初始参数值选取不当，在求解时很容易导致迭代的发散。为克服这一缺点，Marquardt 进行了改进，即在线性方程组系数矩阵的对角线上加上一个充分大的"阻尼因子"，改进后即为 Levenberg-Marquardt(LM) 算法[201]，采用嵌入 Levenberg-Marquardt 算法的最小二乘法(LM-NLSF 法)分别对粉砂质泥岩轴向以及径向的蠕变试验曲线进行辨识，得出能够描述轴向和径向蠕变特性的 Burgers 模型参数，并就模型参数所表示的具体含义做进一步分析讨论。

基于分级加载条件下粉砂质泥岩的三轴蠕变试验曲线，采用数值分析软件 Origin7.5 中的 LM-NLSF 算法对试验曲线进行非线性拟合。编写 Burgers 蠕变本构模型函数文件，在 origin 软件中编译后作为内嵌函数，将其加入到用户自定义函数库中。采用 LM-NLSF 非线性算法，求得 Burgers 模型中的各蠕变参数值。

采用上述方法，分别对轴向蠕变试验曲线及径向蠕变试验曲线进行辨识，获得的模型参数如表 5.1、表 5.2 所示。

表 5.1　以轴向蠕变辨识得到的 Burgers 模型参数

$(\sigma_1-\sigma_3)$/MPa	G_1/MPa	G_2/MPa	H_1/(MPa·h)	H_2/(MPa·h)
3.0	−14.975	5.023	16666.667	1.079
5.0	11.185	66.917	41666.667	176.679
7.0	13.163	72.240	23333.334	175.000
9.0	14.848	77.788	17307.693	190.840
11.0	16.114	78.673	15714.286	194.898
13.0	17.338	81.038	13265.306	267.931
15.0	18.125	72.597	12711.865	307.377
17.7	19.403	61.047	9619.565	253.002

表 5.2　以径向蠕变辨识得到的 Burgers 模型参数

$(\sigma_1-\sigma_3)$/MPa	G_1/MPa	G_2/MPa	H_1/(MPa·h)	H_2/(MPa·h)
3.0	−231.125	20.773	30000.000	4.716
5.0	38.017	94.375	125000.000	133.762
7.0	42.409	106.578	116666.650	150.538
9.0	44.044	115.830	112500.000	160.543
11.0	44.434	101.271	45833.335	129.473
13.0	42.268	99.923	23214.285	150.847
15.0	39.800	77.835	15625.000	145.070
17.7	34.905	56.705	8119.250	151.360

　　将模型参数代入式(5.10)，得到轴向蠕变拟合曲线与径向蠕变拟合曲线。对比模型拟合曲线和试验曲线，可以看出二者吻合较好，如图 5.2、图 5.3 所示。从模型反映的蠕变规律可知，模型拟合曲线既反映了岩石加载后的瞬时弹性变形，又反映了第一阶段的衰减蠕变和第二阶段的等速黏滞流动过程。由此可见，Burgers 蠕变模型可以准确地描述粉砂质泥岩的衰减蠕变与稳定蠕变特性，模型参数少，实用性强，值得推广应用。

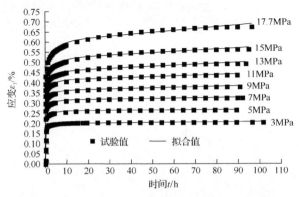

图 5.2　不同应力水平下轴向蠕变试验曲线与拟合曲线

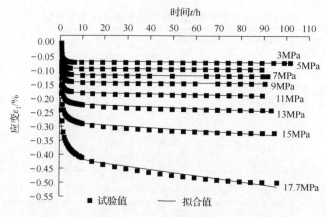

图 5.3　不同应力水平下径向蠕变试验曲线与拟合曲线

　　从更完善的角度来看，用 Burgers 模型来拟合试验曲线，在第一级应力水平下，衰减蠕变阶段模型拟合曲线与试验曲线相差较大，而在其他较高的应力水平下，衰减蠕变阶段与稳定蠕变阶段模型拟合曲线与试验曲线较吻合，拟合效果较好，如图 5.2、图 5.3 所示。从表 5.1、表 5.2 中也可以看出，第一级应力水平下模型参数值与其他应力水平下的模型参数值相差较大。因此，用 Burgers 模型来描述较高应力水平下粉砂质泥岩的衰减蠕变特性与稳定蠕变特性比较准确，而描述较低应力水平下岩石的衰减蠕变特性稍有不足。

5.1.4　Burgers 模型参数意义及参数选取

　　根据表 5.3，对比以轴向应变和以径向应变辨识得到的两组 Burgers 模型参数，结合模型参数所反映的物理意义，可以得出如下结论：

表 5.3　粉砂质泥岩轴向模型参数与径向模型参数的变化规律

$(\sigma_1-\sigma_3)$/MPa	轴向			径向		
	G_1/MPa	t_d/h	$\dot{\varepsilon}_{\mathrm{II}}$ /(10^{-3}/h)	G_1/MPa	t_d/h	$\dot{\varepsilon}_{\mathrm{II}}$ /(10^{-3}/h)
3.0	−14.975	0.215	0.18	−231.125	0.227	0.10
5.0	11.185	2.640	0.12	38.017	1.417	0.04
7.0	13.163	2.422	0.30	42.409	1.412	0.06
9.0	14.848	2.453	0.52	44.044	1.386	0.08
11.0	16.114	2.477	0.70	44.434	1.278	0.24
13.0	17.338	3.306	0.98	42.268	1.510	0.56
15.0	18.125	4.234	1.18	39.800	1.864	0.96
17.7	19.403	4.144	1.84	34.905	2.669	2.18

(1) G_1 为试样的瞬时弹性变形模量。轴向和径向的弹性变形模量并不一致，径向的弹性变形模量较轴向大，表明岩石在一定应力水平下，径向产生的瞬时应变小于轴向产生的瞬时应变，这与 4.5.1 节中的分析结论是一致的，同时也说明了粉砂质泥岩的蠕变具有各向异性特征。

(2) $t_d = H_2/G_2$，t_d 反映了试样达到稳定蠕变所需的时间。由表 5.3 可知，轴向蠕变与径向蠕变达到稳定蠕变阶段所需的时间均随应力水平的增加而增大，这与 4.5.1 节中的结论是一致的。除第一级应力水平外，在其他级应力水平下，轴向蠕变达到稳定蠕变阶段所需的时间要较侧向蠕变所需时间长，说明加载结束后，由于有围压的限制作用，裂纹的横向扩展较快，径向变形达到稳定所需时间较短，试样轴向产生的竖向裂纹达到稳定则需要更长时间。

(3) $\dot{\varepsilon}_{II} = \sigma/H_1$，$\dot{\varepsilon}_{II}$ 为试样的稳态蠕变速率。轴向与径向的稳态蠕变速率均随着应力水平的增加而增大。在前 7 级应力水平下，轴向稳态蠕变速率大于径向稳态蠕变速率，而在第 8 级应力水平下，也即破坏前一级应力水平下，径向稳态蠕变速率大于轴向稳态蠕变速率。

(4) 粉砂质泥岩的蠕变具有各向异性的特点，在同一级应力水平下轴向与径向的蠕变参数各自独立并不统一，模型参数取值时应考虑岩石蠕变所具有的各向异性特点。依据 4.5.1 节和 4.5.2 节的岩石蠕变规律分析，结合轴向模型参数与径向模型参数的变化规律，表明本章蠕变试验中，在前 7 级应力水平下，试样轴向的蠕变量、稳态蠕变速率均大于径向，模型参数取值时应取以轴向蠕变辨识得到的 Burgers 模型参数，而在第 8 级应力水平下，即破坏前一级应力水平下，试样径向的蠕变量、稳态蠕变速率均大于轴向，模型参数取值时应取以径向蠕变辨识得到的 Burgers 模型参数。

5.2 非线性黏弹塑性蠕变模型

线性元件模型无法描述加速蠕变阶段的变化规律，而加速蠕变是岩石破坏失稳的关键阶段。因此有必要进一步研究粉砂质泥岩加速蠕变阶段的应力-应变-时间特征。本节将基于加速蠕变阶段的全程曲线，提出一个新的非线性黏弹塑性蠕变模型，以便准确地描述粉砂质泥岩的加速蠕变特性。

5.2.1 模型的建立

目前建立岩石的非线性流变模型主要有三种常用方法：一是采用经验模型，用非线性函数来拟合试验曲线，建立岩石的经验本构模型；二是采用非线性流变元件来代替常规的线性流变元件，建立能够描述岩石加速流变特性的非线性元件模型；三是采用新的理论，如内时理论、损伤及断裂理论等，建立岩石的非线性流变本构模型。对比上述三种方法，第一种方法的针对性强，能够准确地描述特定岩石的流变力学特性，但是模型参数的物理意义并不明确，不便于工程应用。采用后两种方法建立的流变模型物理概念比较明确，能够较好地表达岩石的加速流变特性。采用第二种方法来建立岩石的非线性流变模型。

由于构成元件模型的各种基本元件是线性的，因此无论所建立的组合模型中有多少元件及模型如何复杂，模型最终反映的都是线性黏弹塑性特征。分析岩石加速蠕变全程曲线，可以看出试验曲线具有如下特点：

(1)施加破裂应力水平后，岩石立即产生瞬时弹性应变，可知蠕变模型中应包含弹性元件。

(2)岩石轴向应变与径向应变均有随时间增加而增大的趋势，可知蠕变模型中应包含黏性元件。

(3)轴向应变与径向应变随时间的增加并不收敛于某一定值，而是出现加速蠕变，可知蠕变模型中应包含塑性元件。

因此，在破裂应力水平下岩石的变形包括瞬时弹性变形、黏弹性变形及黏塑性变形，可以用黏弹塑性模型来表示岩石的加速蠕变全程曲线，通常描述岩石黏弹塑性的元件模型有西原正夫模型等，但这些由线性元件通过串并联组合而成的模型反映不出岩石的加速蠕变特性，必须建立新的岩石非线性黏弹塑性蠕变模型。

在加速蠕变阶段，应力保持恒定不变，非线性蠕变实质上是应变-时间的非线性关系，在元件模型中，表示应变-时间关系的元件为黏壶，而黏壶元件之所以不能准确描述岩石的加速蠕变特征，是因为将岩石视为理想的牛顿流体。实际上，岩石的蠕变不仅具有一般牛顿流体的特性，在加速蠕变阶段还具有非牛顿流体的特性，因而可以用非线性黏壶替换元件模型中的线性黏壶，或者在元件模型中增加一个非线性黏壶。考虑到 Burgers 模型可以准确地描述粉砂质泥岩的衰减蠕变和稳定蠕变特性，因此，可以将非线性黏壶元件与 Burgers 蠕变模型串并联起来，构建一个新的岩石非线性黏弹塑性蠕变模型。

在加速蠕变阶段，应力保持恒定不变，非线性蠕变实质上是应变-时间的非线性关系，元件模型中，用来表示应变-时间关系的为黏性元件，因而可以用非线性黏性元件替换模型中的线性黏性元件，或在元件模型中增加一个非线性黏性元件。基于此，提出一个非线性黏性元件，采用应力触发方式，将其与塑性元件并联，组成一个新的非线性黏塑性元件，如图 5.4 所示。

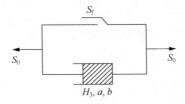

图 5.4　非线性黏塑性元件

在恒定应力 S_0 作用下，非线性黏塑性元件的蠕变方程为

$$e_{ij}(t) = \frac{H(S_0 - S_f)}{2H_3} \frac{1}{at+b} \tag{5.21}$$

式中，S_f 为应力阈值；a、b、H_3 为蠕变参数，由试验数据确定；$H(S_0 - S_f)$ 为对应的屈服准则，其表达式为

$$H(S_0 - S_f) = \begin{cases} 0, & S_0 < S_f \\ S_0 - S_f, & S_0 \geqslant S_f \end{cases} \tag{5.22}$$

考虑到 Burgers 模型可以准确地描述粉砂质泥岩的衰减蠕变和稳定蠕变特性，因此，可以将非线性黏塑性元件与 Burgers 模型串联起来，构建一个新的六元件非线性黏弹塑性 Burgers 蠕变本构模型，如图 5.5 所示。

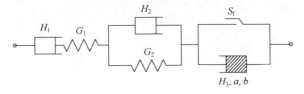

图 5.5　六元件非线性黏弹塑性 Burgers 蠕变本构模型

在恒定应力 S_0 作用下，非线性 Burgers 模型满足下述关系：

（1）当 $S_0 < S_f$ 时，岩石未进入加速蠕变阶段，非线性黏塑性元件不发挥作用，非线性 Burgers 模型退化为 Burgers 模型，其蠕变方程如式(5.19)所示。

（2）当 $S_0 \geqslant S_f$ 时，岩石进入加速蠕变阶段，非线性 Burgers 模型各部分元件均发挥作用，模型方程为

$$e_{ij}(t) = \frac{S_{ij}}{2G_1} + \frac{S_{ij}}{2H_1}t + \frac{S_{ij}}{2G_2}\left[1 - \exp\left(-\frac{G_2}{H_2}t\right)\right] + \frac{H(S_0 - S_{\mathrm{f}})}{2H_3}\frac{1}{at+b} \quad (5.23)$$

5.2.2　非线性 Burgers 模型参数辨识与验证

采用 5.1.3 节所述的蠕变模型参数辨识方法，对粉砂质泥岩的加速蠕变全程曲线进行辨识，以轴向蠕变和以径向蠕变辨识得到的非线性 Burgers 模型参数，分别如表 5.4 所示。

表 5.4　以轴向应变和径向应变辨识得到的非线性 Burgers 模型参数（$\sigma_1 - \sigma_3 = 19.8\mathrm{MPa}$）

应变类型	模型参数						
	G_1/MPa	G_2/MPa	$H_1/(\mathrm{MPa \cdot h})$	$H_2/(\mathrm{MPa \cdot h})$	$H_3/(\mathrm{MPa \cdot h})$	a	b
轴向应变	21.097	65.260	2200.000	73.090	2441.861	−0.044	1.047
径向应变	29.571	51.963	1911.197	58.417	3888.889	−0.031	0.746

从表 5.4 中可以看出，以轴向蠕变辨识得到的模型参数中，除 G_{M} 较径向相应的模型参数值小外，其他参数值均较径向相应的模型参数值大，表明在破裂应力水平作用下，轴向产生的瞬时弹性应变较径向大，但轴向衰减蠕变阶段的蠕变量和初始蠕变速率，稳定蠕变阶段的稳态蠕变速率及加速蠕变阶段的加速蠕变速率均较径向相应的值小，这与 4.5.1 节和 4.5.2 节岩石蠕变规律的研究结论是一致的。

如第 4 章所论述的，岩石径向蠕变比轴向蠕变先进入加速蠕变阶段，且径向加速蠕变速率高于轴向加速蠕变速率，因此，模型参数取值时应取以径向蠕变辨识得到的非线性 Burgers 模型参数，将其作为粉砂质泥岩在破裂应力水平下的蠕变参数，这对于岩石工程的长期安全与稳定评价是更合理的。

图 5.6 和图 5.7 分别为轴向和径向的模型拟合曲线与试验曲线对比图，从图中可以看出，模型拟合曲线与试验曲线吻合较好，模型拟合曲线既反映了粉砂质泥岩第一阶段的衰减蠕变及第二阶段的稳定蠕变特性，又反映了第三阶段的加速蠕变特性。由此可见，非线性 Burgers 模型可以准确地描述粉砂质泥岩在破裂应力水平下的非线性黏弹塑性蠕变特性。

与 Burgers 模型相比，非线性 Burgers 模型仅在 Burgers 模型的基础上增加了一个二次非线性黏壶，模型的参数少，并且物理意义十分明确，具有一定的工程实用价值。

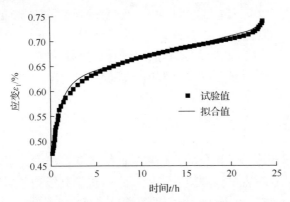

图 5.6　轴向蠕变试验曲线与模型拟合曲线

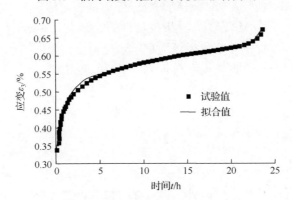

图 5.7　径向蠕变试验曲线与模型拟合曲线

5.2.3　岩石蠕变模型参数选取

　　粉砂质泥岩蠕变模型参数辨识结果表明，在同一级应力水平下试样轴向与径向的模型参数各自独立并不统一，如表 5.1、表 5.2、表 5.4 所示，模型参数取值时应考虑岩石蠕变所具有的各向异性特点。

　　依据第 4 章得出的岩石蠕变规律，结合岩石轴向与径向模型参数的变化规律，本章蠕变试验中，在前 7 级应力水平下，试样轴向的蠕变量、稳态蠕变速率均大于径向，模型参数应取以轴向应变辨识得到的 Burgers 模型参数；在第 8 级应力水平下，即破坏前一级应力水平下，试样径向的蠕变量、稳态蠕变速率均大于轴向，模型参数应取以径向应变辨识得到的 Burgers 模型参数；在破裂应力水平下，试样径向蠕变比轴向蠕变先进入加速蠕变阶段，且径向的初始蠕变速率、稳态蠕变速率及加速蠕变速率均高于轴向相应的蠕变速率，模型参数应取以径向应变辨识得到的非线性 Burgers 模型参数。蠕变模型参数取值时考虑岩石蠕变的各向异性及轴向与径向蠕变量、蠕变速率大小的差异，这对岩石工程的长期安全与稳定评价更为合理。

5.3　本 章 小 结

根据岩石蠕变试验资料建立符合实际的蠕变本构模型并确定相应的模型参数是岩石流变学研究的一项重要内容。本章根据分级加载条件下粉砂质泥岩三轴蠕变试验成果，首先选取线性黏弹性 Burgers 蠕变模型来描述岩石的衰减蠕变与稳定蠕变特性，并对模型参数进行了辨识。然后对该模型进行进一步的改进，建立了能描述岩石加速蠕变特性的非线性 Burgers 模型，并辨识得出了模型参数。本章的研究成果可为进一步分析巫山至奉节段高速公路沿线高边坡工程的流变特性提供模型与参数。主要结论如下：

（1）根据粉砂质泥岩衰减蠕变阶段与稳定蠕变阶段试验曲线的特征，选取 Burgers 模型来描述岩石的线性黏弹性蠕变特性。推导了 Burgers 模型的本构方程、蠕变方程及应力松弛方程。采用嵌入 Levenberg-Marquardt 算法的最小二乘法（LM-NLSF 算法）对岩石轴向及径向的蠕变试验曲线进行辨识，获得了模型参数。对比模型拟合曲线和试验曲线，二者吻合较好，表明 Burgers 蠕变模型可以准确地描述粉砂质泥岩的衰减蠕变与稳定蠕变特性。

（2）对比以轴向应变和以径向应变辨识得到的两组 Burgers 模型参数，结合模型参数所反映的物理意义，表明径向的弹性变形模量较轴向大，因此岩石在一定应力水平下，径向产生的瞬时应变小于轴向产生的瞬时应变；轴向蠕变与径向蠕变达到稳定蠕变阶段所需的时间均随着应力水平的增加而增大，除第一级应力水平外，在其他级应力水平下，轴向蠕变达到稳定蠕变阶段所需的时间要较侧向蠕变所需的时间长；轴向与径向的稳态蠕变速率均随着应力水平的增加而增大，在前 7 级应力水平下，轴向稳态蠕变速率大于径向稳态蠕变速率，而在第 8 级应力水平下，也即破坏前一级应力水平下，径向稳态蠕变速率大于轴向稳态蠕变速率。Burgers 模型参数所反映出的岩石蠕变规律与第 4 章基于蠕变试验曲线分析得出的岩石蠕变规律是一致的。

（3）针对 Burgers 元件模型不能反映岩石加速蠕变特性的缺点，引入非线性黏塑性元件，将其与 Burgers 模型串联起来，建立一个新的六元件非线性黏弹塑性 Burgers 蠕变本构模型。采用非线性 Burgers 模型对岩石轴向及径向加速蠕变全程曲线进行辨识，得到了蠕变模型参数。对比轴向及径向的模型拟合曲线与试验曲线，模型拟合曲线与试验曲线吻合较好，模型拟合曲线既反映了粉砂质泥岩第一阶段的衰减蠕变和第二阶段的稳定蠕变特性，又能反映第三阶段的加速蠕变特性。因此，非线性 Burgers 模型可以准确地描述粉砂质泥岩在破裂应力水平下的黏弹塑性蠕变特性。

(4) 粉砂质泥岩的蠕变具有各向异性的特点，在同一级应力水平下轴向以及径向的蠕变参数各自独立并不统一，模型参数取值时应考虑岩石蠕变所具有的各向异性特点。

(5) 本次蠕变试验中，在前 7 级应力水平下，试样轴向的蠕变量、稳态蠕变速率均大于径向，模型参数取值时应取以轴向蠕变辨识得到的 Burgers 模型参数，而在第 8 级应力水平下，即破坏前一级应力水平下，试样径向的蠕变量、稳态蠕变速率均大于轴向，模型参数取值时应取以径向蠕变辨识得到的 Burgers 模型参数。在破裂应力水平下，试样径向蠕变比轴向蠕变先进入加速蠕变阶段，且径向加速蠕变速率大于轴向加速蠕变速率，因此，模型参数取值时应取以径向蠕变辨识得到的非线性 Burgers 模型参数。蠕变模型参数取值时考虑岩石蠕变的各向异性及轴向与径向蠕变量、蠕变速率的大小差异，这对岩石工程的长期安全与稳定评价更为合理。

第6章 水对粉砂质泥岩蠕变力学特性
影响作用试验研究

水作为地表最活跃的一种地质营力，是影响岩石特别是软岩蠕变力学特性的重要因素。水的物理、化学以及力学作用，不仅使岩石的矿物组成、微结构发生变化，而且使岩石的变形随时间不断增加，对工程的长期稳定性产生极大的危害。在采矿、水利、交通、能源、国防等行业中，广泛存在着工程荷载与水共同作用下岩石工程的长期稳定性问题[202]。因此，研究水对岩石蠕变力学特性的影响作用具有重要的理论意义和工程实践意义。

T_2b^2 粉砂质泥岩黏土矿物成分含量高，岩石饱水系数大，并且三峡地区降雨量和降雨强度均较大，在雨季粉砂质泥岩地层极易产生一系列工程地质问题。因此，有必要研究水对粉砂质泥岩蠕变力学特性的影响作用。目前，研究人员主要通过室内单、双轴蠕变试验及剪切蠕变试验，研究水对岩石以及软弱结构面蠕变力学特性的影响作用。然而，通过室内三轴蠕变试验研究水对岩石蠕变力学特性的影响作用，目前这一方面的研究成果还非常少[203]。工程实践表明，岩石一般处于三向应力状态，仅开展单、双向应力或者剪切应力状态下的试验并不能全面反映水对岩石蠕变力学特性的影响作用。因此，在相同试验条件下开展干燥、饱水粉砂质泥岩三轴压缩试验，定量分析水对粉砂质泥岩蠕变量、蠕变长期强度及蠕变模型参数的影响作用，不仅可以丰富和完善岩石流变力学理论的研究，同时也可以为工程荷载与水作用下 T_2b^2 粉砂质泥岩区大型岩石工程的长期稳定和安全提供科学依据。

6.1 试样制备与试验方法

将制备好的天然含水状态粉砂质泥岩试样分成两组：1 组放入烘干机内在 105℃高温下烘烤 24h，制成干燥试样；1 组放入真空抽气饱和设备中在 100kPa 真空压力下饱和 24h，制成饱水试样。

蠕变试验采用 RLJW—2000 微机控制岩石三轴、剪切流变伺服仪。三轴压缩蠕变试验中，干燥与饱水试样试验围压相同，均为 1MPa，试验中保持围压恒定不变。试验采用分级加载方式，试验过程中，各级荷载持续施加的时间，即岩石蠕变的稳定标准为轴向变形增量小于 0.001mm/d 时，施加下一级荷载。试验中室内的温度保持在 22℃±0.5℃，湿度保持在 40%±1%。

6.2　试验结果

干燥试样蠕变试验中，共施加 16 级轴向荷载，试样在第 16 级应力水平 50MPa 下发生蠕变破坏；饱水试样蠕变试验中，共施加 9 级轴向荷载，其中施加的前 7 级轴向荷载与干燥试样相同，分别为 3MPa、5MPa、7MPa、9MPa、11MPa、13MPa、15MPa，试样在第 9 级应力水平 19.8MPa 下发生蠕变破坏。干燥试样与饱水试样的分级加载蠕变试验曲线如图 6.1 所示。

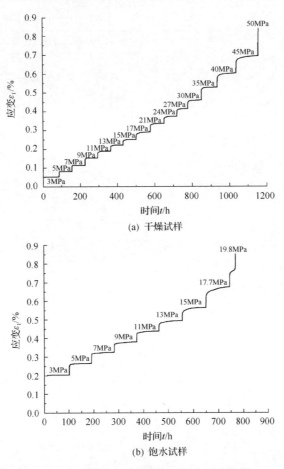

(a) 干燥试样

(b) 饱水试样

图 6.1　干燥与饱水试样分级加载蠕变曲线

采用 Boltzmann 叠加原理，将干燥试样与饱水试样的分级加载蠕变曲线转化为不同应力水平下的分别加载蠕变曲线，如图 6.2 所示。为便于对比，这里显示前 7 级应力水平下两种试样的试验曲线。

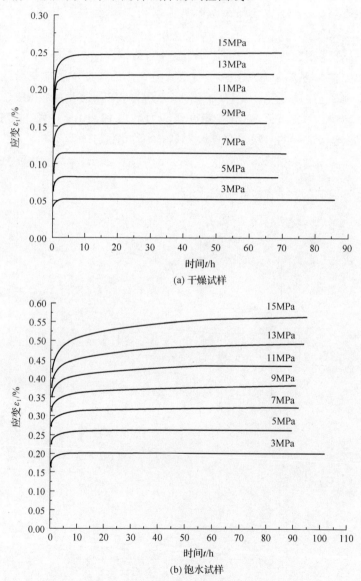

(a) 干燥试样

(b) 饱水试样

图 6.2　干燥与饱水试样分别加载蠕变曲线

6.3　干燥与饱水状态下岩石蠕变规律

6.3.1　岩石应变规律

从图 6.2 中可以看出，各级应力水平下干燥试样与饱水试样的轴向应变可分为瞬时应变与蠕应变两部分，即每级应力水平施加的瞬间，试样产生瞬时变形，之后在恒定应力作用下试样的变形随时间而增大。

依据试验结果，前 7 级应力水平下干燥与饱水试样的瞬时应变、蠕应变以及总应变如表 6.1 所示。

表 6.1　前 7 级应力水平下干燥与饱水试样的瞬时应变、蠕应变及总应变

$(\sigma_1-\sigma_3)$ /MPa	瞬时应变			蠕应变			总应变		
	干燥/%	饱水/%	比值	干燥/%	饱水/%	比值	干燥/%	饱水/%	比值
3.0	0.038	0.162	0.234	0.015	0.033	0.455	0.053	0.205	0.257
5.0	0.058	0.223	0.262	0.024	0.042	0.560	0.082	0.265	0.309
7.0	0.080	0.263	0.303	0.035	0.062	0.564	0.115	0.325	0.353
9.0	0.105	0.299	0.353	0.048	0.081	0.589	0.153	0.380	0.403
11.0	0.125	0.336	0.371	0.065	0.101	0.639	0.189	0.438	0.433
13.0	0.145	0.365	0.396	0.077	0.128	0.603	0.222	0.493	0.446
15.0	0.161	0.395	0.408	0.090	0.168	0.535	0.251	0.564	0.449

注：表中的"比值"为干燥试样的量值/饱水试样的量值。

从表 6.1 中可以看出，干燥与饱水试样的瞬时应变、蠕应变及总应变均随应力水平的增加而增大，即应力水平越高，干燥与饱水粉砂质泥岩的瞬时应变、蠕应变及总应变越大。相同应力水平下，干燥试样的瞬时应变、蠕应变及总应变均小于饱水试样的相应值。干燥试样的瞬时应变是饱水试样的 23.4%~40.8%，蠕应变是饱水试样的 45.5%~63.9%，总应变是饱水试样的 25.7%~44.9%。三种应变中，干燥与饱水试样的瞬时应变相差最小，总应变其次，蠕应变相差最大，表明水对粉砂质泥岩的瞬时应变特性影响较小，而对岩石的蠕应变特性影响相对较大。

从表 6.1 中还可以看出，随应力水平的增加，干燥试样与饱水试样的瞬时应变比值、总应变比值均呈增加趋势，表明应力水平越高，水对粉砂质泥岩瞬时应变、总应变的影响作用越弱，而两种试样的蠕应变比值先增加后降低，说明水对粉砂质泥岩蠕应变的影响规律不明显。

6.3.2　岩石蠕变长期强度

岩石的蠕变长期强度是评价工程长期稳定和安全的重要参数之一。目前,研究人员已开展了这一方面的研究工作,研究成果主要集中在岩石蠕变长期强度与其瞬时强度之间的关系方面。然而,目前有关水对岩石蠕变长期强度的影响方面开展的研究工作还不多,取得的研究成果较少。因此,有必要对这一方面进行进一步的深入研究。

恒定荷载长期作用下,岩石的强度随时间延长而不断降低。岩石蠕变长期强度为岩石试样发生蠕变破裂前,受荷载作用时间足够长时所对应的轴向应力最大值。

依据试验结果,干燥与饱水粉砂质泥岩的蠕变长期强度如表 6.2 所示。

表 6.2　干燥与饱水试样的蠕变长期强度

含水状态	干燥/MPa	饱水/MPa	比值
长期强度	45.0	17.7	0.393

注:表中的"比值"为饱水试样的量值/干燥试样的量值。

从表 6.2 中可以看出,由于水的影响作用,饱水试样的蠕变长期强度远低于干燥试样的相应值。饱水试样的蠕变长期强度是干燥试样的 39.3%。由于水的作用,粉砂质泥岩的蠕变长期强度大幅降低,在工程中应考虑由于水的影响作用而导致的岩石长期强度降低问题。

需要说明的是,在恒定荷载长时作用下岩石的蠕变长期强度在理论上是一个确定值,但目前难以通过试验手段或理论精确推导得出岩石的蠕变长期强度,而只能用一个区间值或近似值来衡量。虽然本节得出的干燥与饱水粉砂质泥岩的蠕变长期强度为岩石的近似长期强度,但基于试验结果得出的水对粉砂质泥岩蠕变长期强度影响的基本规律是正确的,可为岩石工程的长期稳定和安全提供科学的参考依据。

6.4　干燥与饱水状态下岩石蠕变本构模型

6.4.1　Burgers 蠕变模型与参数辨识

选用 Burgers 模型来描述干燥与饱水粉砂质泥岩的蠕变特性。依据第 5 章 Burgers 模型蠕变方程(5.19),中采用 Levenberg-Marquardt 算法对图 6.2 中的试验曲线进行非线性拟合,辨识得出干燥与饱水试样前 7 级应力水平下

Burgers 蠕变模型参数，分别如表 6.3、表 6.4 所示。从表中数据的拟合精度可以看出，Burgers 模型可以较好地描述干燥与饱水粉砂质泥岩的蠕变力学特性。

表 6.3　干燥试样 Burgers 蠕变模型参数

$(\sigma_1-\sigma_3)$/MPa	G_1/GPa	G_2/GPa	H_1/(GPa·h)	H_2/(GPa·h)	拟合精度
3.0	0.04064	0.11324	249.37251	0.13728	0.99734
5.0	0.04238	0.11385	125.00000	0.15161	0.98873
7.0	0.04401	0.10377	116.66667	0.13561	0.99248
9.0	0.04175	0.10274	150.00000	0.16205	0.98611
11.0	0.04367	0.09208	78.57143	0.18778	0.98898
13.0	0.04419	0.09455	59.09091	0.21660	0.98229
15.0	0.04657	0.09079	50.00000	0.20548	0.98441

表 6.4　饱水试样 Burgers 蠕变模型参数

$(\sigma_1-\sigma_3)$/MPa	G_1/GPa	G_2/GPa	H_1/(GPa·h)	H_2/(GPa·h)	拟合精度
3.0	0.00981	0.06046	66.63641	0.14735	0.99784
5.0	0.01119	0.06692	41.66667	0.17668	0.99130
7.0	0.01316	0.07224	23.33333	0.17500	0.98452
9.0	0.01485	0.07779	17.30769	0.19084	0.98389
11.0	0.01611	0.07867	15.71429	0.19490	0.98309
13.0	0.01734	0.08104	13.26531	0.26793	0.97414
15.0	0.01813	0.07260	12.71187	0.30738	0.97504

6.4.2　模型参数对比

从表 6.3、表 6.4 中可以看出，与线弹性材料不同，由于粉砂质泥岩的非均匀性，不同应力水平下 Burgers 模型参数值大小不同，具有一定的变化规律。总体上，干燥试样的蠕变模型参数 G_1 随应力水平的增加而增大，G_2、H_1 随应力水平的增加而减小，而 H_2 的变化规律相对不明显；饱水试样的蠕变模型参数 G_1、G_2、H_2 随应力水平的增加而增大，H_1 随应力水平的增加而减小。两种含水状态下 Burgers 蠕变模型参数 G_1、H_1 随应力水平的变化趋势相同，而 G_2、H_2 随应力水平的变化趋势不同。

相同应力水平下，干燥与饱水试样的 Burgers 蠕变模型参数 G_1、G_2、H_1、H_2 的比值如表 6.5 所示。

表 6.5　相同应力水平下干燥与饱水试样 Burgers 蠕变模型参数比值

$(\sigma_1-\sigma_3)$/MPa	模型参数比值			
	G_1	G_2	H_1	H_2
3.0	4.14	1.87	3.74	0.93
5.0	3.79	1.70	3.00	0.86
7.0	3.34	1.44	5.00	0.77
9.0	2.81	1.32	8.67	0.85
11.0	2.71	1.17	5.00	0.96
13.0	2.55	1.17	4.45	0.81
15.0	2.57	1.25	3.93	0.67

注：表中的"比值"为干燥试样的量值/饱水试样的量值。

从表 6.5 中可以看出，相同应力水平下，干燥试样的 Burgers 蠕变模型参数 G_1、G_2、H_1 值均大于饱水试样的相应参数值，而 H_2 值小于饱水试样的相应参数值。干燥试样 G_1 模型参数值是饱水试样的 2.55～3.79 倍，G_2 模型参数值是饱水试样的 1.17～1.70 倍，H_1 模型参数值是饱水试样的 3.00～8.67 倍，H_2 模型参数值是饱水试样的 67%～96%。干燥与饱水试样的 Burgers 蠕变模型参数值中，H_1 相差最大，G_1 其次，G_2、H_2 相差较小，表明水对 Burgers 蠕变模型参数中的 H_1 影响最大，G_1 其次，而对 G_2、H_2 影响相对较小。换言之，粉砂质泥岩蠕变过程中，水对 Burgers 模型中串联的元件力学特性影响较大，而对并联的元件力学特性影响相对较小。

6.4.3　Burgers 模型参数意义

Burgers 模型参数所反映的物理意义如表 6.6 所示，可以得出如下规律：

表 6.6　干燥与饱水试样 Burgers 模型参数的变化规律

$(\sigma_1-\sigma_3)$/MPa	t_d/h			$\dot{\varepsilon}_{\mathrm{II}}$ /(10^{-3}/h)		
	干燥	饱水	比值	干燥	饱水	比值
3.0	3.38	15.02	0.23	0.01	0.05	0.20
5.0	3.58	15.80	0.23	0.04	0.12	0.33
7.0	3.08	13.29	0.23	0.06	0.30	0.20
9.0	3.88	12.85	0.30	0.07	0.52	0.13
11.0	4.30	12.09	0.36	0.14	0.70	0.20
13.0	4.90	15.45	0.32	0.22	0.98	0.22
15.0	4.41	16.96	0.26	0.30	1.18	0.25

(1) $t_d = H_2 / G_1$，反映了试样达到稳定蠕变阶段所需的时间。各级应力水平下，干燥试样达到稳定蠕变阶段所需的时间要较饱水试样所需的时间短，是饱水试样达到稳定蠕变阶段所需时间的 22%～36%。由于水的影响作用，粉砂质泥岩达到稳定蠕变阶段所需的时间显著增加。

(2) $\dot{\varepsilon}_{\mathrm{II}} = \sigma / H_1$，反映了该级应力水平下试样的稳态蠕变速率。干燥与饱水试样的稳态蠕变速率均随应力水平的增加而增大。各级应力水平下，干燥试样的稳态蠕变速率小于饱水试样的稳态蠕变速率，是饱水试样稳态蠕变速率的 13%～33%。由于水的影响作用，粉砂质泥岩的稳态蠕变速率显著增大。

6.5　本 章 小 结

采用岩石流变试验机，在三轴应力下分别对干燥与饱水两种含水状态的粉砂质泥岩开展室内蠕变力学试验。分析了水对粉砂质泥岩蠕变量、蠕变长期强度的影响作用。依据岩石的蠕变性质，选取 Burgers 蠕变模型对其进行描述，得出两种含水状态下岩石的蠕变模型参数。对比干燥与饱水含水状态下岩石的 Burgers 蠕变模型参数，分析得出了水影响 Burgers 蠕变模型参数的基本规律。

(1) 相同应力水平下，干燥试样的瞬时应变、蠕应变以及总应变均小于饱水试样的相应值。三种应变中，干燥与饱水试样的瞬时应变相差最小，总应变其次，蠕应变相差最大，表明水对粉砂质泥岩的瞬时应变特性影响较小，而对岩石的蠕应变特性影响相对较大。

(2) 饱水试样的蠕变长期强度是干燥试样的 39.3%。由于水的作用，粉砂质泥岩的蠕变长期强度大幅降低，在工程中应考虑由于水的影响作用而导致的岩石长期强度降低问题。

(3) 干燥与饱水试样的 Burgers 蠕变模型参数中，H_1 相差最大，G_1 其次，G_2、H_2 相差较小，表明水对 Burgers 蠕变模型参数中的 H_1 影响最大，G_1 其次，而对 G_2、H_2 影响相对较小。换言之，粉砂质泥岩蠕变过程中，水对 Burgers 模型中串联的元件力学特性影响较大，而对并联的元件力学特性影响相对较小。

(4) 由于水的影响作用，粉砂质泥岩达到稳定蠕变阶段所需的时间显著增加，岩石的稳态蠕变速率显著增大。

(5) 水对粉砂质泥岩蠕变力学特性的影响作用是极其显著的，水极大地增强了岩石的时效特性，较大程度上改变了粉砂质泥岩的蠕变力学特性。因此，在 T_2b^2 粉砂质泥岩区重大工程设计和施工中，不能忽视水对岩石蠕变力学特性的影响作用。

第7章 粉砂质泥岩应力松弛特性试验
与模型研究

岩石的蠕变和应力松弛特性直接与岩石的长期强度及工程的长期稳定性相关，因此，它们一直是岩石流变力学特性研究的两个重要方面。恒定应力作用下，变形随时间而增大的过程称为蠕变，恒定应变作用下，应力随时间而减少的过程称为应力松弛。

岩石的应力松弛究其实质也是蠕变的结果。在恒定应变的作用下，随时间的增加，岩石的蠕变变形逐渐增大，因总变形不变弹性变形则等量逐渐减少，弹性变形将随时间逐渐转变为蠕变变形。由于弹性变形降低而引起应力相应地减少，这就是应力松弛产生的原因[204]。在应力松弛过程中增加的蠕变变形与前述的蠕变现象在性质上相同，并没有本质区别。因此可以说应力松弛是蠕变现象的另一种表现，是应力不断降低时的"多级"蠕变。

尽管蠕变和应力松弛的微观机理都是被同一物理机制所控制，即由岩石的结构调整引起的[205]，但两者在宏观的表现上却完全不同。恒定应力作用下的蠕变和恒定应变作用下的应力松弛在宏观上的区别是：蠕变过程有外界能源向受力系统供给能量。由于受长期应力的作用，岩石内部结构发生弱化、结构松弛，从而引起变形随时间而增长，结构老化的内摩擦可以将部分或全部蠕变变形能消耗。而岩石应力松弛过程中并不存在外界能量的供给，仅是由于岩石材料结构弱化而引起内部应力降低，弱化过程中内摩擦消耗了材料初始累积的变形能。

在岩石工程中，应力松弛现象相当普遍，如工程中的边坡、地下洞室、巷道等，往往由于岩石的应力松弛而导致破坏。因此，岩石材料的抗松弛性能对于工程的安全运行具有重要的影响。当边坡开挖时，会引起瞬间变形，这种变形包括弹性和塑性两部分，由于边界条件的不同，部分岩石在变形受到约束时发生应力松弛，一部分荷载将转移到其附近的区域而引起坡体蠕变，而蠕变的发展亦将进一步引起坡体内部岩石的应力松弛。因此，边坡的蠕变过程会引起应力松弛，应力松弛过程也会引起蠕变，蠕变和应力松弛是同时存在的[206]，坡体的失稳是一个综合发展的渐进式过程。尽管人们已经认识到岩石应力松弛特性研究的重要性，但由于应力松弛试验要求设备具有长时间保持应变恒定的性能，试验技术难度非常大，因此，岩石应力松弛的试验研究成果远少于岩石蠕变的试验研究成果[207, 208]。因此，非常有必要开展更多的岩石材料应力松弛试验工作，以丰富和完善岩石流变力学特性的试验及模型研究。

为揭示粉砂质泥岩的应力松弛特性，采用 RLJW—2000 型岩石三轴流变伺服仪对粉砂质泥岩进行三轴应力松弛试验研究，基于对试验结果的分析，得出岩石三轴应力松弛规律，在此基础上建立岩石应力松弛本构模型，并对模型参数进行辨识。

7.1　线性材料蠕变与应力松弛的关系

线性黏弹性材料应力与应变关系可表示为

$$P\sigma = Q\varepsilon \tag{7.1}$$

式中，P、Q 为对时间的线性微分算子

$$\left.\begin{array}{l} P = \sum_0^m p_k \dfrac{\mathrm{d}^k}{\mathrm{d}t^k} \\[3mm] Q = \sum_0^n q_k \dfrac{\mathrm{d}^k}{\mathrm{d}t^k} \end{array}\right\} \tag{7.2}$$

其中，p_k、q_k 均为与材料性质有关的常数。

对于线性材料，在蠕变试验中，如果 $t=0$ 时刻瞬间施加单位应力 σ_0，应变 $\varepsilon(t)$ 可以表示为

$$\varepsilon(t) = \sigma_0 J(t) \tag{7.3}$$

函数 $J(t)$ 为蠕变柔量，定义为每单位应力所产生的应变

$$J(t) = \frac{\varepsilon(t)}{\sigma_0} \tag{7.4}$$

为求得 $J(t)$，令式 (7.1) 中

$$\sigma = \sigma_0 \Delta(t) \tag{7.5}$$

其中 $\Delta(t)$ 为单位阶跃函数，满足以下条件：

$$\begin{cases} \Delta(t) = 0, & t < 0 \\ \Delta(t) = 1, & t > 0 \end{cases} \tag{7.6}$$

对 (7.1) 式进行拉普拉斯变换，可以得

$$P(s)\bar{\sigma} = Q(s)\bar{\varepsilon} \tag{7.7}$$

式中，$\bar{\sigma}$、$\bar{\varepsilon}$ 分别为应力 σ 与应变 ε 的拉普拉斯变换。

将 $\bar{\sigma} = \sigma_0 / s$ 和 $\bar{\varepsilon}(s) = \sigma_0 \bar{J}(s)$ 代入 (7.7) 得

$$\bar{J}(s) = \frac{P(s)}{sQ(s)} \tag{7.8}$$

同样在松弛试验中 $t=0$ 时刻瞬间施加单位应力 ε_0，对于线性材料，应变 $\sigma(t)$ 可以表示为

$$\sigma(t) = \varepsilon_0 Y(t) \tag{7.9}$$

函数 $Y(t)$ 为松弛模量，定义为维持单位应变所需要的应力，令 $\varepsilon = \varepsilon_0 \Delta(t)$。对方程 (7.1) 进行拉普拉斯变换，并代入 $\bar{\varepsilon} = \varepsilon_0 / s$ 和 $\bar{\sigma}(s) = \varepsilon_0 \bar{Y}(s)$，则有

$$\bar{Y}(s) = \frac{Q(s)}{sP(s)} \tag{7.10}$$

由 (7.8) 和 (7.10) 得

$$\bar{J}(s)\bar{Y}(s) = \frac{1}{s^2} \tag{7.11}$$

由此可见，对于线性材料，蠕变柔量和松弛模量之间有着非常明确的数学关系，由蠕变试验确定的蠕变柔量可以直接通过简单换算得到松弛模量。然而对于具有明显非线性流变特性的岩石而言，无法简单的通过蠕变特征的推导而获得其应力松弛特性，这一点在工程实践中已经得到证实。

7.2　试验方法及设备

本次岩石三轴应力松弛试验在河南省岩土力学与水工结构重点实验室的RLJW—2000 微机控制岩石三轴、剪切流变伺服仪上进行。

如第 4 章所述，RLJW—2000 微机控制岩石三轴流变伺服仪配置了德国DOLI 公司原装进口的全数字伺服控制器、日本松下交流伺服电机、采用美国泰瑞泰克公司生产的岩石变形传感器，传感器精度可达微米级。因此，该流变仪控制精度高、反应速度快、可靠性能高，可以实现对岩石应力松弛试验的精确控制。由于应力松弛试验的难度远比蠕变试验要大，因此试验开始前特地邀请仪器生产厂家的专业技术人员进行现场指导，通过调整岩石三轴流

变伺服仪轴向 EDC 控制器的位置比例、速度比例、速度积分等控制参数，可以实现应力松弛试验中轴向变形长时间保持恒定不变的要求。

应力松弛试验中所用的岩石试样与常规试验、蠕变试验所用的试样均来自同一岩块，且同一批次制样，以尽可能使试样性质保持一致，减少试样的离散性。试样尺寸为 $\varPhi$50mm×100mm，试样端面平整度和侧面平整度控制在 0.003mm 范围之内，满足应力松弛试验的要求。

三轴应力松弛试验在试样安装，控制软件与控制器的连接及围压的加载方面与蠕变试验程序相同，不同的是：应力松弛试验采用应变加载方式，即瞬时施加一轴向应变后保持轴向应变恒定不变，观测试样内应力随时间的变化规律。试验过程中应变加载速率为 5×10^{-5}/s。当第一级应变水平下试样的轴向应力稳定后，将轴向应变加至第二级水平，保持应变恒定，记录试样轴向应力随时间的变化规律。当应力松弛稳定后施加下一级应变水平，直至试验完成为止。

试验在三轴应力状态下进行，为与常规试验及蠕变试验结果进行对比，围压也设置为 1MPa，试验过程中保持围压恒定不变。三轴应力松弛试验前，首先按常规试验方法测得粉砂质泥岩常规破坏时的轴向应变极限值，将其等分为 5～6 级，应变水平即按此取值，试验中施加的应变水平分别为 0.20%、0.40%、0.60%、0.80%、1.00%。采用分级加载方式，在同一试样上由小到大逐级施加轴向应变，各级应变持续施加的时间由试样的应力速率控制。试验中，应力松弛的稳定标准为当应力变化量小于 0.001MPa/h 时，即认为该级应变所产生的应力松弛已基本趋于稳定，可以停止该级应变加载，施加下一级应变水平。若在单级应变下，试样达到稳定的时间小于 14h，则该级应变水平下试验时间持续 14h。每级应变加载完瞬间，立即读取应力值，作为该级应变水平下的瞬时应力。试验过程中计算机自动采集试验数据，采集频率为：加载过程中及加载后 1h 内每分钟 100 次，之后每分钟 1 次。

由于岩石流变伺服仪对环境温度、湿度的变化非常敏感，在应力松弛试验中对这两种因素的控制同样也不能被忽视。通过试验室里间配备的惠康 NUC203 恒温恒湿机，使试验过程中室内的温度始终控制在 22.0℃±0.5℃，湿度控制在 40%±1%。试验过程中严格控制人员进入试验室里间，以免带来室温变化，影响试验结果。

7.3　试　验　结　果

应力松弛试验共施加了 6 级应变水平，历时 99h，图 7.1 给出了粉砂质泥岩的分级加载应力松弛曲线，松弛曲线上的数字代表轴向应变水平，其中应变水平 1.27%为应力松弛试验中岩石的轴向峰值应变，即此级应变水平下的试验为岩石在峰值荷载条件下的应力松弛。

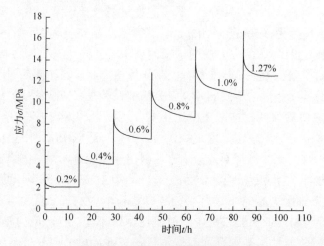

图 7.1　分级加载应力松弛曲线

　　由于试验采用了分级加载方式，因此需要采用 Boltzmann 叠加原理将试验数据转化为不同应变水平下的分别加载应力松弛曲线，转化后的曲线如图 7.2 所示。

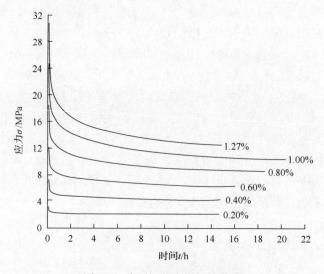

图 7.2　分别加载应力松弛曲线

7.4　岩石应力松弛规律

7.4.1　应力松弛阶段

　　从曲线形态看,各级应变水平下的应力松弛曲线形态非常相似。由于粉砂质泥岩的颗粒组成比较均一致密,因此,随时间的增加,应力衰减轨迹为连续光滑的曲线,如图 7.2 所示,与硬岩阶梯型应力松弛曲线形态明显不同。

　　不同应变水平下的曲线具有相似的应力松弛规律,在瞬间施加一定应变后,保持应变恒定,刚开始应力衰减的速度非常快,之后随时间的增加应力衰减速度逐渐降低,最终趋于一个稳定值,为非完全衰减型松弛。应力松弛曲线可以划分为三个阶段:快速松弛阶段,减速松弛阶段,稳定松弛阶段。快速松弛阶段,在非常短的一段时间,即应力开始松弛约 1min 时间内,应力迅速降低,应力下降比例占到该级应变下应力下降总量的 33%~47%。减速松弛阶段,随时间的增加,应力不断降低,但应力降低的速率却逐渐变慢,该阶段持续时间较长,一般持续 5~19h,且随应变水平的增大,减速松弛阶段时间变长。稳定松弛阶段,随时间的增加应力不再降低,趋于一个稳定值。在快速松弛阶段,应力松弛时间短并且松弛量大,应注意这一阶段岩石强度的骤降,防止工程出现突然破坏失稳。

7.4.2　应力松弛特征

　　定义剩余应力比 η 为

$$\eta = \frac{\sigma_s}{\sigma_0} \tag{7.12}$$

式中,σ_s 为剩余应力,即松弛稳定后的轴向应力;σ_0 为初始应力,即应变施加完成后瞬间产生的轴向应力。

　　定义应力松弛量 σ' 为

$$\sigma' = \sigma_0 - \sigma_s \tag{7.13}$$

　　应力松弛量表示应力衰减的幅度,应力松弛量越大,应力衰减的幅度也就越大。

　　由式(7.12)和式(7.13)可以看出,剩余应力比越大,应力松弛量越小,岩石应力松弛程度也越小;剩余应力比越小,应力松弛量越大,岩石应力松弛程度也越大。

将各级应变水平下岩石的初始应力、剩余应力、剩余应力比、应力松弛量及松弛达到稳定的时间如表 7.1 所示。

表 7.1　不同应变水平下应力松弛参数

应变 ε/%	初始应力 σ_0/MPa	剩余应力 σ_s/MPa	剩余应力比 η	应力松弛量 σ'/MPa	松弛稳定时间/h
0.2	3.24	2.12	0.65	1.12	5.33
0.4	7.31	4.28	0.59	3.03	12.85
0.6	12.16	6.40	0.53	5.76	15.03
0.8	18.57	8.59	0.46	9.98	17.63
1.0	24.84	10.36	0.42	14.48	19.17
1.27	30.88	12.50	0.40	18.38	11.23

从表中可以看出，随应变水平的增加，试样的初始应力、剩余应力及应力松弛量逐渐增加，而剩余应力比逐渐降低，即应变水平越高，岩石的应力松弛程度越大。由各级应变水平下的剩余应力比可知，应力松弛稳定后粉砂质泥岩的剩余应力为初始应力的 40%～65%。其中，峰值应变下粉砂质泥岩的剩余应力比为 0.40，应力松弛量达 18.38MPa，应力损失程度最大，表明粉砂质泥岩在峰值应变状态下，应力松弛稳定后应力损失可达 60%。由于应力松弛，岩石的强度得不到充分发挥，这是此类岩石工程产生变形破坏的重要原因之一。

从表中最后一列可以看出，应变水平越高，应力松弛达到稳定阶段所需的时间越长。与蠕变试验中变形稳定所需的时间相比，应力松弛响应速度快，达到稳定所需的时间相对较短。

峰值应变下，试样应力松弛达到稳定阶段所需的时间较前一级应变水平下试样所需的时间短，这与前面得出的规律不一致。究其原因，分级加载试验中，在峰值应变水平下加载 11.23h 后，试样的应力松弛已达到稳定标准，因此停止试验。而采用 Boltzmann 叠加原理将分级加载应力松弛曲线转化为分别加载应力松弛曲线后，发现尽管在其他应变水平下应力松弛已经达到稳定，但在峰值应变水平下应力松弛还未完全达到稳定，这是采用分级加载试验方法所带来的误差，是由目前岩石流变试验研究方法及研究水平造成的。前一级的加载会对试样造成一定程度的损伤，且随着加载级数的增加，试样的损伤会逐级累加，导致峰值应变下分级加载应力松弛稳定时间小于分别加载应力松弛稳定时间。尽管在这一时间点上存在一定误差，但试验揭示的岩石应力松弛规律是正确合理的。

7.4.3　应力松弛速率

由图 7.2 可以看出，在每级应变水平下，随时间的增加，岩石的应力松弛速率是一个从初始最大值不断递减并最终趋于 0 值的非线性变化过程。加载完成后瞬间，应力松弛速度最大。在快速松弛阶段应力急剧降低，应力松弛速率随时间快速降低。在减速松弛阶段，应力松弛速率随时间逐渐减小，最终在稳定松弛阶段应力不再降低，应力松弛速率趋于 0。

　　对比各级应变水平下岩石的应力松弛速率，可以看出：随着应变水平的逐级增大，初始应力值随之而增大，而初始应力降低速率也逐级增大，即应变水平越大，初始应力松弛速率也越大，如表 7.2 所示。在快速松弛阶段和减速松弛阶段，应力降低的速率随应变水平的增加而增大，即应变水平越大，快速松弛阶段和减速松弛阶段的应力松弛速率也越大，进入稳定松弛阶段所需的时间也越长。在稳定松弛阶段，各级应变水平下岩石的应力松弛速率均为 0，应力不再松弛。

表 7.2　不同应变水平下初始应力松弛速率

应变水平 ε/%	初始应力松弛速率/(MPa/h)
0.20	16.63
0.40	17.50
0.60	30.80
0.80	63.90
1.00	93.60
1.27	136.64

7.4.4　松弛残余强度

　　从岩石材料的强度特征来看，蠕变试验揭示的是考虑时效特性后岩石的长期强度指标，而在松弛试验中，岩石材料在峰值应变作用下破裂后所具有的强度特征，可以看作是岩石应力松弛破裂后所具有的残余强度。为与常规试验中试样的残余强度相区别，称之为松弛残余强度。如图 7.2 所示，在峰值应变水平下，试样松弛稳定后的应力值为 12.5MPa，因此，可以认为试验中粉砂质泥岩所具有的松弛残余强度为 12.5MPa。对比蠕变试验中得到的长期强度值，在 1MPa 围压下粉砂质泥岩的松弛残余强度低于长期强度，二者均低于常规三轴试验中得到的常规强度值，分别为常规强度值的 46.9%和 74.3%。

7.4.5　径向应变与体积应变

　　目前，国内外对岩石应力松弛试验中径向应变及体积应变的变化规律研究较少，发表的学术文献仅见对盐岩有这方面的研究。Haupt[113]对盐岩的应力松弛特性进行了试验研究，表明在盐岩的应力松弛过程中，盐岩内部的微细观结构并没有发生变化，即各方向的应变张量为 0，侧向应变几乎一直为常数，因此盐岩的体积应变始终为一常量，保持不变。Yang 等[114]研究表明，在应力松弛过程中，盐岩的横向应变几乎一直保持为常数，即盐岩的体积应变恒定不变，应力最终松弛趋于 0，由此可见，对这一方面的研究还有待于进一步深入。本节对粉砂质泥岩应力松弛试验过程中的径向应变与体积应变进行进一步研究。

　　由应力松弛试验得到不同应变水平下试样轴向应变、径向应变随时间的变化曲线，如图 7.3、图 7.4 所示，图中曲线上的数字代表轴向应变水平。

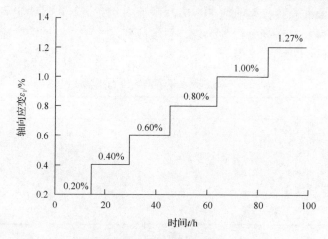

图 7.3　轴向应变随时间变化曲线

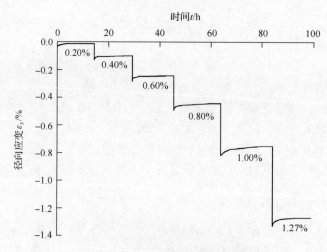

图 7.4　径向应变随时间变化曲线

从图 7.4 中可以看出，在各级应变水平下试样的轴向应变保持恒定不变，满足应力松弛试验的要求。而径向应变在各级应变水平下并非保持恒定不变，其变化趋势与同一应变水平下应力的变化趋势类似，反映出试样内部应力随时间不断松弛弱化的过程。在各级应变水平下，应力松弛瞬间径向应变最大，随时间的增加径向应变逐渐衰减降低，最终趋于一个稳定值。与应力松弛曲线阶段相对应，径向应变随时间变化曲线也可以划分为三个阶段：快速衰减阶段，减速衰减阶段，稳定阶段。快速衰减阶段，随轴向应力的迅速降低，径向应变也快速降低，但应变的变化要稍滞后于应力的变化，一般滞后于应力为 50～60s，表明应力进入减速松弛阶段时，径向应变的快速降低还未停止。在加载后约 6min，应变下降比例占到该级应变下降总量的 25%～48%。在减速衰减阶段，应变降低的速率逐渐变慢，该阶段持续时间较长，一般持续 5.0～19.3h。稳定阶段，随时间的增加应变不再降低，趋于一个稳定值。

根据式(4.6)，可以得到试样体积应变随时间的变化曲线，如图 7.5 所示。图中曲线上的数字代表轴向应变水平。

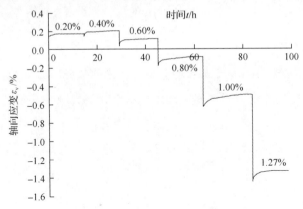

图 7.5　体积应变随时间变化曲线

从图 7.5 中可以看出，在应力松弛试验过程中试样的体积应变也是发生变化的。由于轴向应变恒定，体积应变的变化取决于径向应变的变化，因此，体积应变的变化规律与径向应变的变化规律是一致的，即经历了快速衰减阶段、减速衰减阶段、稳定阶段，最终趋于一个稳定的体积应变。体积应变曲线同样也反映出试样内部应力随时间不断松弛弱化的过程。

与蠕变试验相似，随时间的增加，粉砂质泥岩的体积应变也经历了体积压缩，应变逐渐增加到体积应变逐渐减少再到扩容的非线性变化过程。从图 7.5 中可以看出，当应变水平从 0.20%增加到 0.40%时，岩石体积压缩，体积应变增加，但增加幅度较小，仅增加约 0.03%。当应变水平为 0.40%时，体积应变达到稳定后为 0.21%，此时体积压缩应变达最大值。之后由于径向应变较轴向应变增加速度快，试样的体积应变开始逐渐减小。因此，应变水平 0.40%是试样从以轴向压缩变形为主转变为以径向膨胀变形为主的临界应变。当应变水平达 0.80%时，试样体积应变为负值，此时试样发生反向扩容。因此，应变水平 0.80%是粉砂质泥岩产生体积扩容的临界应变。在峰值应变下，经过快速衰减阶段，减速衰减阶段后体积应变不再增加，趋于稳定值–1.33%，这与蠕变试验不同，蠕变试验中在峰值荷载作用下，岩石体积持续扩容，并不趋于某一稳定值，扩容到一定程度后即发生加速蠕变破坏。

7.4.6　松弛模量

岩石的松弛模量是黏弹性理论计算的最基本参数，是评价岩石应力松弛性能的重要指标。松弛模量 $Y(t)$ 是指岩石对单位阶跃应变的松弛响应。由松弛模量的定义可得如下公式：

$$Y(t) = \frac{S_{ij}(t)}{e_{ij}^{0}} \tag{7.14}$$

式中，S_{ij}、e_{ij} 分别为三维应力状态下岩体内部的偏应力张量与偏应变张量。

应力松弛试验是对试样瞬间施加恒定应变 e_{ij}^{0}，测量各时刻 $S_{ij}(t)$ 的变化情况。因此，由应力松弛试验数据可以根据式(7.14)计算得出岩石的松弛模量，各级应变水平下岩石的松弛模量随时间的变化曲线，如图 7.6 所示。

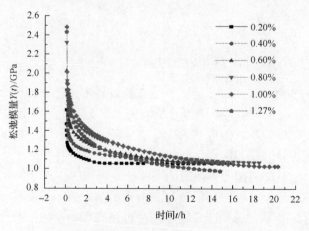

图 7.6　松弛模量随时间变化曲线

由图 7.6 可以看出：粉砂质泥岩作为一种典型的黏弹性材料，其时效特性非常明显。在每级应变水平下，松弛模量在试验初始时刻最大，随时间的增加，松弛模量逐渐降低。在不同的应变水平下，松弛模量随时间变化的曲线形态相似。随应变水平的增加，相同时间点岩石的松弛模量逐级增大，即应变水平越大，岩石的松弛模量越大。随时间的延长，松弛模量曲线趋于某一恒定值，在 0.20%～0.80%的应变水平下试验开始后 16h 左右岩石的松弛模量基本不再降低，在 1.1GPa 附近达到稳定，表明在 0.20%～0.80%的应变水平范围内，岩石应力松弛稳定后，其性质接近线弹性体，即应力与应变之间呈线性变化关系，二者比值基本不变。在 1.00%与 1.27%的应变水平下，岩石的松弛模量随时间增加并未趋于某一恒定值，而是逐渐降低，降低过程中两条曲线近似平行，说明这 2 级应变水平下松弛模量的降低速率基本一致，表明在 1.00%与 1.27%的应变水平下，岩石应力松弛稳定后，其性质接近线性黏弹性体，即应力-应变时间效应明显。

7.4.7　应力应变等时曲线

由试验数据可作出粉砂质泥岩的应力应变等时曲线，如图 7.7 所示。

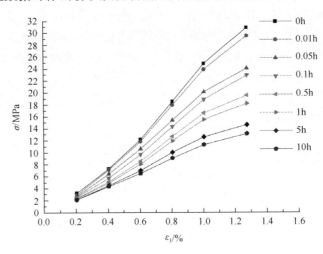

图 7.7　应力松弛试验的应力应变等时曲线

从图 7.7 中可以看出，各等时曲线的形态非常相似。随时间的增加，曲线由应力轴向应变轴偏移。在 0.20%～1.00%的应变水平下，应力-应变等时曲线近似为一组直线，表明粉砂质泥岩在这一应变水平范围内可视为线性黏弹性体。在 1.27%的峰值应变水平下，曲线向应变轴偏移，随时间增加，偏移程度逐渐减小，总体来看各等时曲线偏移程度不大，表明塑性变形在总变形中所占的比重并不大。由此可见，在峰值应变水平下，粉砂质泥岩可以近似视为线性黏弹性体。因此，可以用线性黏弹性模型来描述粉砂质泥岩的应力松弛特性。

7.5　岩石应力松弛本构模型与参数辨识

流变模型一般可分为经验模型和元件模型[209]。经验模型比较直观，而元件模型物理意义明确，这两种模型都是流变学研究的重要内容。目前常用的经验模型都是基于蠕变试验而建立的，如著名的 Singh-Mitchell 模型、Mesri 模型等[210, 211]，而基于岩石应力松弛试验的应力-应变-时间模型还不多。以下将基于应力松弛试验结果，分别建立粉砂质泥岩的经验模型与元件模型，以揭示其应力-应变-时间的关系。

7.5.1　应力松弛经验模型

由于岩石类型及试验方法的不同，岩石流变经验模型有许多类型，通常采用的经验模型有：幂律型、指数型、对数型及三者的混合方程。应力松弛经验公式中应力是应变以及时间的函数。对应力应变等时曲线进行分析，发现岩石的应力应变等时曲线非常符合幂函数关系。因此，采用幂函数拟合得到粉砂质泥岩在不同时间的应力应变关系式，即应力与应变的函数关系，如表 7.3 所示。

表 7.3　不同应变水平下应力应变经验公式

时间 t/h	经验公式	相关系数 R^2
0	$\sigma_1 - \sigma_3 = 3.1358\varepsilon^{1.2721}$	0.9986
0.01	$\sigma_1 - \sigma_3 = 2.9065\varepsilon^{1.3001}$	0.9997
0.05	$\sigma_1 - \sigma_3 = 2.7020\varepsilon^{1.2400}$	0.9993
0.10	$\sigma_1 - \sigma_3 = 2.5048\varepsilon^{1.2433}$	0.9994
0.50	$\sigma_1 - \sigma_3 = 2.3227\varepsilon^{1.2035}$	0.9986
1.00	$\sigma_1 - \sigma_3 = 2.2510\varepsilon^{1.1815}$	0.9987
5.00	$\sigma_1 - \sigma_3 = 2.1325\varepsilon^{1.0938}$	0.9990
10.00	$\sigma_1 - \sigma_3 = 2.1277\varepsilon^{1.0299}$	0.9994

然后分析时间与拟合公式中参数的关系，把时间变量引入到应力应变拟合公式中，最后得出应力-应变-时间的经验公式，如下所示：

$$\sigma_1 - \sigma_3 = 3.2311 \mathrm{e}^{-0.0582t} \varepsilon^{(-0.0059t^2 + 0.018t + 1.2647)} \tag{7.15}$$

推导得出的经验模型虽然简单直观，但经验模型一般仅能描述特定应力状态和应力路径下岩石的蠕变力学特性，难以全面反映岩石的流变特征及内在机理，如果推广到其他应力状态时常常会产生较大的误差，甚至是错误的结果。经验模型也不能给出工程所需的蠕变力学参数，因此在工程中不便于应用。而元件组合模型由于物理意义明确，可以将复杂的岩石流变特性直观地表现出来，有助于从概念上认识岩石变形的弹性、塑性和黏性分量，易于被工程技术人员所接受，尤其适用于工程数值分析，因此有必要建立粉砂质泥岩的应力松弛元件模型。

7.5.2　应力松弛元件模型的选取

粉砂质泥岩应力松弛试验曲线具有如下特点：

(1)施加每级应变水平后保持应变恒定，岩石瞬间产生应力降低，表明元件模型中应包含弹性元件。

(2)随时间的增加，应力的衰减速度逐渐变慢，最终趋于一个稳定值，表明元件模型中应包含黏壶元件。

基于以上对试验曲线特征的分析，结合 7.4.7 节应力应变等时曲线的分析结果，可以看出粉砂质泥岩的应力松弛具有明显的黏弹性特征。描述材料黏弹性应力松弛特性的常用元件模型有 Burgers 模型、Maxwell 模型、广义 Maxwell 模型等。一般认为 Burgers 模型和广义 Maxwell 模型能较好地描述黏弹性材料的应力松弛特征[117, 212]。

通过第五章对粉砂质泥岩蠕变模型的研究，表明 Burgers 模型可以较好地描述粉砂质泥岩的蠕变特性，模型参数少，实用性强，因此，首先选取该模型来描述粉砂质泥岩的应力松弛特性，并确定模型参数。

7.5.3　Burgers 松弛模型参数辨识

Burgers 模型的应力松弛方程如式(5.20)所示。采用 LM-NLSF 算法对试验曲线进行非线性拟合，辨识后得到的 Burgers 松弛模型参数如表 7.4 所示。

表 7.4 Burgers 松弛模型参数

应变 ε /%	G_1/GPa	G_2/GPa	H_1/(GPa · h)	H_2/(GPa · h)
0.20	0.008935	0.015206	0.685756	0.003390
0.40	0.011125	0.013874	0.523202	0.003736
0.60	0.011279	0.015796	0.409000	0.005890
0.80	0.012343	0.016990	0.379394	0.007319
1.00	0.012778	0.017001	0.358333	0.008669
1.27	0.013701	0.014492	0.246827	0.005873

为验证模型的正确性，将表 7.4 中的模型参数代入式 (5.20) 中，得到模型拟合曲线。对比模型拟合曲线与试验曲线，可以看出拟合曲线在形态上与试验曲线非常相似，如图 7.8 所示。在低应变水平下，模型拟合值与试验值吻合较好，而在高应变水平下，模型拟合值与试验值之间有一定误差，这也说明了用 Burgers 模型来描述粉砂质泥岩的应力松弛特性存在一定的不足，但对于工程应用而言，由于 Burgers 模型参数少，参数的物理意义非常明确，便于工程应用。因此，得出的参数具有一定的工程实用价值。

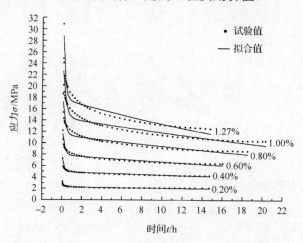

图 7.8 各级应变水平下应力松弛试验曲线与拟合曲线

7.5.4 应力松弛元件模型的进一步研究

从前面的论述可以看出，Burgers 模型对应变水平高的应力松弛曲线拟合效果较差，因此，本节从更完善的角度进一步采用广义 Maxwell 模型来研究粉砂质泥岩的应力松弛特性，以充分揭示此类岩石的应力-应变-时间特性。

1. 广义 Maxwell 模型应力松弛方程

广义 Maxwell 模型是由多个 Maxwell 单元并联组成, 如图 7.9 所示。设有 n 个 Maxwell 模型, 每个 Maxwell 体包含的常量分别为 G_1、H_1, G_2、H_2, ⋯, G_n、H_n。因并联, 系统的总应力为各 Maxwell 体的应力之和, 而各 Maxwell 体的应变等于系统总应变。

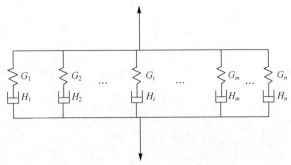

图 7.9　广义 Maxwell 模型

$$\begin{cases} \dfrac{(S_{ij})_1}{2H_1} + \dfrac{(\dot{S}_{ij})_1}{2G_1} = \dot{e}_{ij} \\[2mm] \dfrac{(S_{ij})_2}{2H_2} + \dfrac{(\dot{S}_{ij})_2}{2G_2} = \dot{e}_{ij} \\[2mm] \qquad\qquad \vdots \\[2mm] \dfrac{(S_{ij})_n}{2H_n} + \dfrac{(\dot{S}_{ij})_n}{2G_n} = \dot{e}_{ij} \\[2mm] S_{ij} = (S_{ij})_1 + (S_{ij})_2 + \cdots + (S_{ij})_n \end{cases} \tag{7.16}$$

式中, S_{ij} 为偏应力张量; $\dot{S}_{ij}$ 为 S_{ij} 的一阶微分算子; $\dot{e}_{ij}$ 为偏应变张量 e_{ij} 的一阶微分算子; G 为剪切模量; H 为黏滞系数。

广义 Maxwell 模型的流变方程可写成

$$p_0 S_{ij} + p_1 \dot{S}_{ij} + p_2 \ddot{S}_{ij} + \cdots = 2q_1 \dot{e}_{ij} + 2q_2 \ddot{e}_{ij} + \cdots \tag{7.17}$$

应用广义 Maxwell 体, 可以解释较复杂的松弛现象。若应变条件 $e_{ij}=(e_{ij})_0=$const, 初始条件 $t=0$ 时, $S_{ij}=(S_{ij})_0$。由式 (7.16), 可以得到 n 个 Maxwell

体的松弛方程为

$$
\begin{cases}
(S_{ij})_1 = 2G_1(e_{ij})_0 \exp(-\dfrac{G_1}{H_1})t \\[2mm]
(S_{ij})_2 = 2G_2(e_{ij})_0 \exp(-\dfrac{G_2}{H_2})t \\[2mm]
\quad\quad\vdots \\[2mm]
(S_{ij})_n = 2G_n(e_{ij})_0 \exp(-\dfrac{G_n}{H_n})t
\end{cases}
\tag{7.18}
$$

将式(7.18)代入到式(7.16)中，即得三维应力状态下广义 Maxwell 体的应力松弛方程：

$$
S_{ij} = 2(e_{ij})_0 \sum_{i=1}^{n} G_i \exp(-\dfrac{G_i}{H_i})t
\tag{7.19}
$$

2. 广义 Maxwell 模型参数辨识

首先采用二单元广义 Maxwell 模型对应力松弛试验曲线进行辨识，该模型与 Burgers 模型一样也包含四个黏弹性参数。依据式(7.19)，采用 LM 算法拟合得到的模型参数如表 7.5 所示。

对比表 7.5 中广义 Maxwell 模型与 Burgers 模型拟合的相关系数，可以看出各应变水平下两种模型拟合的相关系数均相同。与 Burgers 模型类似，二单元广义 Maxwell 模型对试验曲线的拟合也存在一定误差，只能通过进一步增加单元数量来达到更精确描述粉砂质泥岩应力松弛特性的目的。

表 7.5　二单元广义 Maxwell 模型参数

应变水平/%	G_1/MPa	H_1/(MPa·h)	G_2/MPa	H_2/(MPa·h)	广义 Maxwell 模型拟合相关系数 R^2	Burgers 模型拟合相关系数 R^2
0.20	5.62×10^3	6.80×10^5	3.33×10^3	4.64×10^2	0.92627	0.92627
0.40	4.98×10^3	7.41×10^2	6.16×10^3	5.21×10^5	0.96195	0.96195
0.60	6.55×10^3	4.07×10^5	4.74×10^3	1.03×10^3	0.96706	0.96706
0.80	5.25×10^3	1.30×10^3	7.10×10^3	3.78×10^5	0.95986	0.95986
1.00	5.56×10^3	1.60×10^3	7.23×10^3	3.56×10^5	0.95990	0.95990
1.27	6.97×10^3	2.45×10^5	6.75×10^3	1.39×10^3	0.96063	0.96063

　　限于篇幅，以下仅对 1.00%、1.27%两级应变水平下的试验曲线分别采用四单元及六单元广义 Maxwell 模型进行辨识，拟合得到的四单元及六单元模型参数分别如表 7.6、表 7.7 所示，两种模型拟合曲线与试验曲线的对比分别如图 7.10、图 7.11 所示。

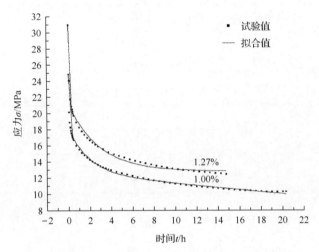

图 7.10　四单元广义 Maxwell 模型拟合曲线与试验曲线

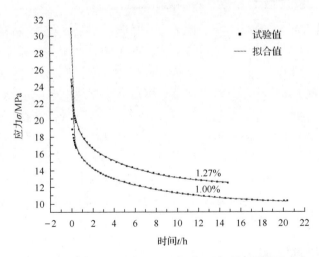

图 7.11　六单元广义 Maxwell 模型拟合曲线与试验曲线

表 7.6　四单元广义 Maxwell 模型参数

应变水平%	G_1/MPa	H_1/(MPa·h)	G_2/MPa	H_2/(MPa·h)	G_3/MPa
1.00	4.04×10^7	1.29×10^3	3.70×10^4	1.93×10^3	5.64×10^3
1.27	6.66×10^3	1.90×10^4	4.68×10^4	2.30×10^3	5.12×10^3

应变水平%	H_3/(MPa·h)	G_4/MPa	H_4/(MPa·h)	相关系数 R^2
1.00	1.09×10^4	4.04×10^7	1.31×10^7	0.99774
1.27	3.21×10^4	5.02×10^3	1.02×10^4	0.99408

表 7.7　六单元广义 Maxwell 模型参数

应变水平%	G_1/MPa	H_1/(MPa·h)	G_2/MPa	H_2/(MPa·h)	G_3/MPa	H_3/(MPa·h)	G_4/MPa
1.00	1.08×10^5	3.06×10^3	3.31×10^3	3.34×10^3	2.51×10^3	1.96×10^4	9.92×10^3
1.27	3.19×10^3	2.58×10^3	3.83×10^3	2.12×10^3	5.08×10^3	2.71×10^4	9.30×10^4

应变水平%	H_4/(MPa·h)	G_5/MPa	H_5/(MPa·h)	G_6/MPa	H_6/(MPa·h)	相关系数 R^2
1.00	3.43×10^3	3.78×10^3	5.75×10^2	2.60×10^3	2.03×10^4	0.99997
1.27	3.11×10^3	3.19×10^3	7.08×10^3	3.19×10^3	2.02×10^3	0.99979

从表 7.6、表 7.7 可以看出，随着单元数量的增加，模型拟合的相关系数不断增大。从图 7.10、图 7.11 可以看出，四单元广义 Maxwell 模型拟合曲线与试验曲线吻合较好，而六单元广义 Maxwell 模型拟合曲线与试验曲线几乎完全吻合。单元数量越多，拟合结果越精确，模型越能准确地反映岩石的应力松弛特性。因此，六单元广义 Maxwell 模型可以准确描述粉砂质泥岩的应力松弛特性。但从工程应用角度来讲，单元数量越多，需要确定的模型参数也就越多。四单元广义 Maxwell 模型有 8 个黏弹性参数，而六单元广义 Maxwell 模型有 12 个黏弹性参数，过多的参数会给模型工程应用带来困难。因此，针对工程实际，构建能较好反映岩石应力松弛特性、精度高且简单实用的本构模型是十分重要的。

7.5.5　元件模型的比较研究

综合 Burgers 模型，二单元、四单元及六单元广义 Maxwell 模型的辨识结果可知，四单元及六单元广义 Maxwell 模型拟合的相关系数高，拟合效果好，但这两种模型需要确定的参数过多，给工程实际应用带来了困难。Burgers 模型及二单元广义 Maxwell 模型拟合的相关系数一致，虽然两种模型拟合值与试验值之间存在一定的误差，但模型参数较少，便于工程应用。对比式(5.20)与式(7.19)，可以看出 Burgers 模型应力松弛方程复杂，模型参数不易求解，而二单元广义 Maxwell 模型应力松弛方程简单直观，模型参数易于求解。因此，从工程应用角度来讲，在上述几种元件模型中，采用二单元广义 Maxwell 模型来描述粉砂质泥岩的应力松弛特性是较适宜的，辨识得出的模型参数具有一定的实用价值。

7.6　本 章 小 结

为揭示粉砂质泥岩的应力松弛特性，采用 RLJW—2000 型岩石三轴流变伺服仪，通过调整轴向 EDC 控制器的控制参数，完成了粉砂质泥岩的三轴压缩应力松弛试验。基于试验结果，划分了应力松弛阶段，分析了应力松弛特征，研究了各级应变水平下岩石应力松弛速率、径向应变、体积应变及松弛模量随时间的变化规律，得出粉砂质泥岩三轴应力松弛规律。依据试验结果，建立岩石应力松弛本构模型，并对模型参数进行了辨识。主要结论如下：

(1)从曲线形态看，各级应变水平下岩石的应力松弛曲线形态相似，应力衰减轨迹为连续光滑的曲线。各级应变水平下岩石的曲线具有相似的应力松弛规律，在瞬间施加一定应变后保持应变恒定，刚开始应力衰减的速度非常快，之后随时间的增加应力衰减速度逐渐降低，最终趋于一个稳定值，为非完全衰减型松弛。应力松弛曲线可以划分为三个阶段：快速松弛阶段，减速松弛阶段和稳定松弛阶段。

(2)应变水平越高，应力松弛达到稳定阶段所需的时间越长。与蠕变试验中变形稳定所需的时间相比，应力松弛响应快，达到稳定所需的时间相对较短。随应变水平的增加，试样的初始应力、剩余应力以及应力松弛量逐渐增加，而剩余应力比逐渐降低，即应变水平越高，岩石的应力松弛程度越大。应力松弛稳定后粉砂质泥岩的剩余应力为初始应力的 40%～65%。峰值应变下粉砂质泥岩的剩余应力比为 0.40，应力损失程度最大，表明粉砂质泥岩在峰值应变状态下，松弛稳定后应力损失可达 60%。由于应力松弛，岩石的强度得不到充分发挥，这是此类岩石工程产生变形破坏的重要原因之一。

(3)每级应变水平下，随时间的增加，岩石的应力松弛速率是一个从初始最大值不断递减并最终趋于 0 的非线性变化过程。对比各级应变水平下岩石的应力松弛速率，表明应变水平越大，初始应力松弛速率越大，快速松弛阶段和减速松弛阶段的应力松弛速率也越大，进入稳定松弛阶段所需的时间也越长。在稳定松弛阶段，各级应变水平下岩石的应力松弛速率均为 0，应力不在松弛。

(4) 岩石材料在峰值应变作用下破裂后所具有的强度特征，可以看作是岩石应力松弛破裂后所具有的残余强度。峰值应变水平下，试样松弛稳定后的应力值为 12.5MPa，试验中粉砂质泥岩所具有的松弛残余强度为 12.5MPa。

(5) 岩石应力松弛过程中，在各级应变水平下试样的径向应变并非保持恒定不变，其变化趋势与同一应变水平下应力的变化趋势类似，反映出试样内部应力随时间不断松弛弱化的过程。在各级应变水平下，应力松弛瞬间径向应变最大，随时间的增加径向应变逐渐衰减降低，最终趋于一个稳定值。与应力松弛曲线阶段相对应，径向应变随时间变化曲线也可以划分为三个阶段：快速衰减阶段、减速衰减阶段、稳定阶段。径向应变的变化要稍滞后于应力的变化，一般滞后于应力 50~60s。

(6) 试样的体积应变在松弛过程中是发生变化的。体积应变的变化规律与径向应变的变化规律是一致的，即经历了快速衰减阶段、减速衰减阶段、稳定阶段，最终趋于一个稳定的体积应变。体积应变曲线同样也反映出试样内部应力随时间不断松弛弱化的过程。与蠕变试验相似，随时间的增加，粉砂质泥岩的体积应变也经历了体积压缩，应变逐渐增加到体积应变逐渐减少再到扩容的非线性变化过程。应力松弛试验中，应变水平 0.40%是试样从以轴向压缩变形为主转变为以径向膨胀变形为主的临界应变，应变水平 0.80%是试样产生体积扩容的临界应变。应力松弛试验中在峰值应变作用下，岩石体积扩容后可以逐渐趋于稳定值，而蠕变试验中在破坏应力作用下，岩石体积持续扩容，并不趋于某一稳定值，扩容到一定程度后即发生加速蠕变破坏。

(7) 在每级应变水平下，松弛模量在试验初始时刻最大，随时间的增加，松弛模量逐渐降低。在不同的应变水平下，其松弛模量随时间变化的曲线形态相似。随应变水平的增加，相同时间点岩石的松弛模量逐级增大，即应变水平越大，岩石的松弛模量越大。在 0.20%~0.80%的应变水平下，岩石应力松弛稳定后，其性质接近线弹性体，即应力与应变呈线性变化关系，二者比值基本不变。在 1.00%与 1.27%的应变水平下，岩石应力松弛稳定后，其性质接近线性黏弹性体，即应力应变时间效应明显。

(8) 随时间的增加，应力应变等时曲线由应力轴向应变轴偏移。在 0.20%~1.00%的应变水平下，应力应变等时曲线近似为一组直线，表明粉砂质泥岩在这一应变水平范围内可视为线性黏弹性体。在 1.27%的峰值应变水平下，曲线向应变轴偏移，随时间增加，偏移程度逐渐减小，总体来看各等时曲线偏移程度不大，表明塑性变形在总变形中所占的比重并不大。在峰值应变水平下，粉砂质泥岩可以近似视为线性黏弹性体。因此，可以用线性黏弹性模型来描述粉砂质泥岩的应力松弛特性。

(9)基于试验结果，建立了粉砂质泥岩应力松弛的经验本构模型，直观揭示了岩石应力-应变-时间关系。推导得出的经验模型虽然简单直观，但无法给出工程所需的流变力学参数，不便于工程应用。

(10)四单元及六单元广义 Maxwell 模型拟合的相关系数高，拟合效果好，但这两种模型需要确定的参数过多，给工程实际应用带来了困难。Burgers 模型及二单元广义 Maxwell 模型拟合的相关系数一致，Burgers 模型应力松弛方程复杂，模型参数不易求解，而二单元广义 Maxwell 模型应力松弛方程简单直观，模型参数易于求解。因此，从工程应用角度来讲，在上述几种元件模型中，采用二单元广义 Maxwell 模型来描述粉砂质泥岩的应力松弛特性是较适宜的，辨识得出的模型参数具有一定的实用价值。

第 8 章　挖方高边坡流变破坏机理研究

在公路建设和养护期间，挖方高边坡的变形破坏需要花费大量的人力、物力、财力进行治理，在公路运行期间，高边坡的破坏还将严重阻碍交通运行，给国家和人民造成巨大的经济损失。挖方高边坡的稳定问题已成为阻碍和制约高等级公路安全运行的重要因素之一。挖方高边坡最明显的特征是边坡的开挖效应，因此研究边坡开挖期间的变形破坏特征是分析边坡变形发展趋势及预测边坡长期稳定状况的前提与基础。

目前对边坡开挖后的变形分析中，主要以弹塑性分析为主，一般把岩土体作为弹塑性体来考虑，采用弹塑性本构模型来模拟坡体岩土物质，较少考虑边坡岩土体的时效变形特性，分析结果偏于安全，将会给工程带来安全隐患。因此，考虑岩石的时效变形特性，采用流变力学理论研究边坡应力应变场随时间变化的规律，对于工程建设的长期稳定与安全是非常重要的。

由第 2 章的论述可知，在 T_2b^2 粉砂质泥岩地层中挖方形成的工程高边坡稳定性差，坡体的变形随时间增加不断发生变化。坡体在载荷的长期作用下引起的时效渐进式破坏，严重影响公路的长期运营安全，成为公路建设中的一大难题。为查明边坡的变形机理，合理地描述和揭示岩石与时间相关的力学特性和行为，确保边坡工程在长期运营过程中的安全与稳定，需要对 T_2b^2 粉砂质泥岩区挖方高边坡的流变特性进行深入研究。

本章以杭兰高速公路巫山至奉节段 T_2b^2 粉砂质泥岩地层中大水田边坡为例，采用 FLAC^{3D} 数值模拟软件对挖方高边坡进行弹塑性与考虑岩石流变特性的黏弹塑性数值计算，模拟边坡开挖后的应力、变形及塑性区，并根据其分布特征和变化规律比较两种方法计算结果的异同，阐明边坡开挖后流变破坏的机理，预测边坡变形的发展趋势，为工程的防灾减灾提供科学依据。

8.1　FLAC^{3D} 软件

8.1.1　FLAC^{3D} 简介

FLAC^{3D} (fast lagrangian analysis of continua in 3 dimensions) 是由美国 ITASCA 咨询集团公司开发的三维显式有限差分法程序。FLAC^{3D} 程序可以用

来模拟土、岩体或者其他材料的三维力学行为。程序将给定的计算区域划分成若干个单元体，每个单元在给定的边界条件下遵循指定的本构关系，如果材料在单元应力的作用下产生屈服或塑性流动，则随着材料的变形单元网格也可以发生相应的变形，这就是所谓的拉格朗日算法。拉格朗日算法非常适合模拟材料介质的大变形问题。FLAC^{3D}采用显式有限差分格式来求解微分控制方程，并且采用了混合离散单元模型，因此可以非常准确地模拟材料的屈服、塑性流动、软化乃至大变形问题，尤其在材料的弹塑性分析、大变形分析及施工过程模拟等领域具有独到的优点。

FLAC^{3D}程序求解的基本原理是首先给出变量空间导数的差分近似格式，然后给出结点位移和单元应变和应力、结点不平衡力的计算，给出计算的时步和步长。计算中假设单元的应力、加速度等物理量可集中于结点，其在单元内的值可取为各结点值的均值。

FLAC^{3D}的求解采用如下三种计算方法：

(1)离散模型方法。用多个相互连接的六面体单元来离散连续介质，单元的作用力集中在节点上。

(2)有限差分方法。用有限差分近似表示变量对时间与空间的一阶导数。

(3)动态松弛方法。应用质点运动方程求解，通过阻尼使系统运动衰减至平衡状态。

三维快速拉格朗日分析均采用显式方法并通过运动方程进行求解，因此该方法对于动态问题的模拟非常有效，如大变形、振动及失稳等。在算法上线性本构关系与非线性本构关系对于显式法来说并不存在差别，对于已知的应变增量，可以非常方便地求解得出应力增量，得出相应的不平衡力，并可以跟踪模拟系统的发展演化过程。此外，显式法在计算过程中不生成刚度矩阵，计算所需的内存很小，模拟大量的单元只需要较少的计算机内存，因此特别适于进行微机操作。在求解大变形过程中，由于每一计算时步材料的变形很小，可以采用小变形的本构关系进行模拟，计算完成后只需对各时步得到的变形进行叠加，就可以得到大变形问题的解。FLAC^{3D}能够较好地模拟岩土材料在达到屈服极限或强度极限时发生的破坏或塑性流动等力学行为，特别适用于模拟大变形问题及分析渐进式失稳破坏。它主要有如下一些特点：

(1)应用范围广泛，可以模拟复杂的岩土工程或力学问题。FLAC^{3D}包含了12种弹塑性材料本构模型，有静力、动力、蠕变、渗流、温度五种计算模式，各种模式间可以互相耦合，以模拟各种复杂的工程力学行为。FLAC^{3D}可以模拟多种结构形式，如岩体、土体或其他材料实体，梁、锚元、桩、壳及人工结构如支护、衬砌、锚索、岩栓、土工织物、摩擦桩、板桩等，另外，FLAC^{3D}设有界面单元，可以模拟节理、断层或虚拟的物理边界等。

(2)FLAC^{3D}具有强大的内嵌程序语言FISH，使得用户可以定义新的变量或函数，以适应用户的特殊需要。例如，利用FISH，用户自己设计FLAC^{3D}内部没有的特殊单元形态；用户可以在数值试验中进行伺服控制；可以指定特殊的边界条件，自动进行参数分析；可以获得计算过程中节点、单元参数，如坐标、位移、速度、材料参数、应力、应变、不平衡力等。

(3)FLAC^{3D}具有强大的前后处理功能。FLAC^{3D}具有强大的自动三维网格生成器，内部定义了多种基本单元形态，可以生成非常复杂的三维网格。在计算过程中用户可以用高分辨率的彩色或灰度图或数据文件输出结果，以对结果进行实时分析，图形可以表示网格、结构及有关变量的等值线图、矢量图、曲线图等，可以给出计算域的任意截面上的变量等值线图和矢量图。

FLAC^{3D}具有如下缺陷：

(1)对于线性问题，FLAC^{3D}要比相应的有限元花费更多的计算时间，FLAC^{3D}在模拟非线性问题、大变形问题或动态问题时更有效。

(2)FLAC^{3D}的收敛速度取决于系统的最大固有周期与最小固有周期的比值，这使得它对某些问题的模拟效率非常低，如单元尺寸或材料弹性模量相差很大的情况。

8.1.2　FLAC^{3D}中的流变本构模型

FLAC^{3D}软件中有八种不同的流变本构模型，分别为：

(1)经典黏弹性模型(model viscous)。

(2)伯格斯黏弹性模型(model Burgers)。

(3)二分量幂函数蠕变黏弹性模型(model power)。

(4)用于核废料隔离研究的参考蠕变模型(model wipp)。

(5)伯格蠕变模型和Mohr-Coulomb模型合成的黏塑性模型(model cvisc)。

(6)二分量幂函数蠕变黏塑性模型(model cpow)。

(7)WIPP模型和D-P模型合成的黏塑性模型(model pwipp)。

(8)岩盐的本构模型(model cwipp)。

其中，由Burgers模型与Mohr-Coulomb模型组成的复合黏弹塑性Cvisc模型比较适合模拟软岩的流变力学特征[213-216]。加载时，该模型既可以表现出瞬时弹性应变，又可以表现出延滞弹性与黏滞流动(即主蠕变与次蠕变)；卸载时，该模型既可以表现出瞬时弹性恢复和弹性后效(延滞恢复)，又可以表现出残余永久应变(与卸载时间有关)。同时该模型还可以反映应力松弛现象。

在 Cvisc 模型中，破坏准则是 Mohr-Coulomb 准则和拉伸破坏准则的组合。如图 8.1 所示，用 Mohr-Coulomb 破坏准则表示从 A 点到 B 点的破坏包络线 $f^s=0$，即

$$f^s = \sigma_1 - \sigma_3 N_\psi + 2c\sqrt{N_\psi} \tag{8.1}$$

用拉伸破坏准则 $f^t = 0$ 表示从 B 点到 C 点的包络线：

$$f^t = \sigma_3 - \sigma_t \tag{8.2}$$

式中，σ_1、σ_3 分别为最大和最小主应力；c 为黏聚力；φ 为内摩擦角；σ_t 为拉伸强度；ψ 为膨胀角，N_ψ 可以用下式表示：

$$N_\psi = \frac{1+\sin\varphi}{1-\sin\varphi} \tag{8.3}$$

拉伸强度不能超过 σ_3。拉伸强度最大值由下式确定：

$$\sigma_{\max}^t = \frac{c}{\tan\varphi} \tag{8.4}$$

势能函数由 g^s 与 g^t 表示。g^s 用以确定剪切塑性流动，g^t 用以确定张拉塑性流动。

函数 g^s 是非关联函数，其表达形式如下：

$$g^s = \sigma_1 - \sigma_3 N_\psi \tag{8.5}$$

函数 g^t 是关联函数，可以表示为

$$g^t = -\sigma_3 \tag{8.6}$$

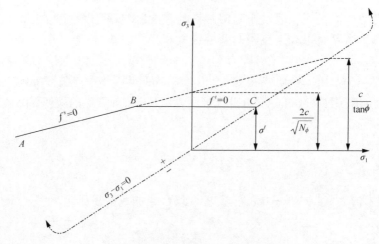

图 8.1　Mohr-Coulomb 屈服准则

流动法则可以用式 $h(\sigma_1, \sigma_3) = 0$ 写成统一的形式：

$$h = \sigma_3 - \sigma_t + a^P(\sigma_1 - \sigma^P) \tag{8.7}$$

式中，常数 a^P 和 σ^P 分别由下式定义：

$$a^P = \sqrt{1 + N_\psi^2} + N_\psi \tag{8.8}$$

$$\sigma^P = \sigma_t N_\psi - 2c\sqrt{N_\psi} \tag{8.9}$$

Cvisc 模型由 Maxwell 体，Kelvin 体和一种外部的塑性屈服模型组成，如图 8.2 所示。屈服模型采用上述的 Mohr-Coulomb 剪破坏与拉破坏准则相结合的复合屈服面模型。该模型考虑材料的黏弹塑性应力偏量特性与弹塑性体积变化特性。假定黏弹性和塑性应变速度分量以串联方式共同作用。其黏弹性本构关系符合 Burgers 模型，而塑性本构关系符合 Mohr-Coulomb 模型。

图 8.2 中，E_M、E_K、η_M、η_K 分别是 Maxwell 剪切模量、Kelvin 剪切模量、Maxwell 黏滞系数和 Kelvin 黏滞系数，ε_M、ε_k、ε_p 和 ε 分别为 Maxwell 体应变、Kelvin 体应变、塑性应变及总应变。如果单元应力小于岩石材料的屈服强度，则单元塑性应变为 0，岩石的本构关系等同于 Burgers 流变模型。反之，单元总应变中应计入塑性应变分量。

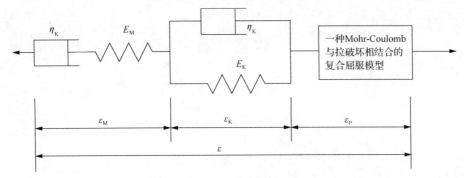

图 8.2　FLAC^{3D} 中 Cvisc 流变模型示意图

图 8.2 是 Cvisc 模型在一维应力状态下的示意图，一维应力状态只是三维应力状态的特殊情况，因此为更好理解模型的计算原理，有必要研究模型三维应力状态下的计算原理。

三维应力状态下模型中的符号约定如下：

S_{ij} 和 e_{ij} 分别表示偏应力和偏应力张量，即

$$S_{ij} = \sigma_{ij} - \sigma_0 \delta_{ij} \tag{8.10}$$

$$e_{ij} = \varepsilon_{ij} - \frac{e_{\text{vol}}}{3} \delta_{ij} \tag{8.11}$$

式中

$$\sigma_0 = \frac{\sigma_{kk}}{3} \tag{8.12}$$

$$e_{\text{vol}} = \varepsilon_{kk} \tag{8.13}$$

式中，σ_{ij}、ε_{ij} 分别为应力和应变球张量；σ_{kk}、ε_{kk} 分别为应力和应变张量的第一不变量；δ_{ij} 为 Kronecker 符号。

Kelvin 元件、Maxwell 元件和塑性体对应力和应变的贡献量可以分别用上标 · K、· M、· P 表示。基于以上符号约定，模型的偏量特征可以表述为

应变速率分解为

$$\dot{e}_{ij} = \dot{e}_{ij}^K + \dot{e}_{ij}^M + \dot{e}_{ij}^P \tag{8.14}$$

对 Kelvin 体：

$$S_{ij} = 2\eta^K \dot{e}_{ij}^K + 2G^K \dot{e}_{ij}^K \tag{8.15}$$

对 Maxwell 体：

$$\dot{e}_{ij}^M = \frac{\dot{S}_{ij}}{2G^M} + \frac{S_{ij}}{2\eta^M} \tag{8.16}$$

对 Mohr-Coulomb 体：

$$\dot{e}_{ij}^P = \lambda^* \frac{\partial g}{\partial \sigma_{ij}} - \frac{1}{3}\dot{e}_{vol}^P \delta_{ij} \tag{8.17}$$

$$\dot{e}_{vol}^P = \lambda^* \left(\frac{\partial g}{\partial \sigma_{11}} + \frac{\partial g}{\partial \sigma_{22}} + \frac{\partial g}{\partial \sigma_{33}} \right) \tag{8.18}$$

式中，G^K、η^K 分别为 Kelvin 体的剪切模量和黏滞系数；G^M、η^M 分别为 Maxwell 体的剪切模量与黏滞系数；g 为塑性势函数，采用相关流动准则时塑性势取屈服函数；λ^* 为塑性因子。

8.2　工程概况

大水田边坡位于重庆市巫山县龙井乡白泉村境内，起止桩号为 YK33+500～K33+900，长为 400m，设计线路为分离式道路，路面宽度为 12.5m。

大水田边坡是 T_2b^2 粉砂质泥岩地层中典型的挖方高边坡，最大挖方高度 49.1m，边坡极限平衡计算结果表明[217]，该边坡开挖后坡体安全系数为 4.3，边坡稳定性较好。但开挖一段时间后，由于施工周期等原因没有及时对边坡进行支护加固，边坡坡脚处发生明显隆起，坡面发育与开挖走向线近平行的张拉裂缝，坡体的变形随时间增加不断增大，边坡时效变形特征明显。因此，选择大水田边坡作为典型工程实例，采用数值模拟方法，模拟开挖后边坡的应力、变形及塑性区，并根据其分布特征和变化规律从流变力学角度分析挖方高边坡变形破坏机理，为工程防灾减灾提供科学依据。

8.2.1　地形地貌

边坡地处构造剥蚀泥岩、砂岩深切谷地斜坡地貌区，地面标高为 340.8～482.5m，相对高差为 141.7m，一般地形切割深度为 100～120m，最大切割深度约为 150m，总体地势为北高南低。边坡位于山坡腰部，自然坡度为 15°～

35°，山坡坡面主要种植庄稼。

边坡地形特征：边坡在轴向上总体为坡顶和坡身部位较平缓，坡脚较陡，在平面上呈不规则凤梨形。边坡倾向北，边坡宽为 400m，长为 380m，上覆松散层厚一般为 1.0～6.4m。边坡工程地质平面图如图 8.3 所示。

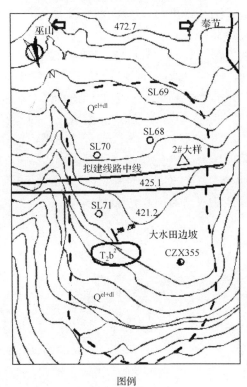

图例

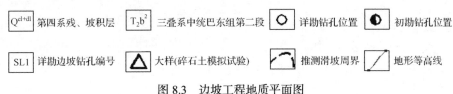

图 8.3 边坡工程地质平面图

8.2.2 地层岩性

地层主要由第四系残坡积含碎（砾）石亚黏土、碎石土和三叠系中统巴东组第二段 (T_2b^2) 粉砂质泥岩夹砂岩构成，根据工程地质测绘、钻探及室内试验结果，其工程地质特征分述如下：

(1)残坡积(含砾石)亚黏土(Q^{el+dl})：紫红色，稍湿，硬塑-可塑状，局部含 15%～20%的泥岩、泥灰岩砾石，粒径为 0.2～1.8cm，棱角状，表层局部有分布，层厚为 0～4.9m。

(2)残坡积碎石土(Q^{el+dl})，除局部缺失外，边坡上大都有分布，稍湿，稍密-中密，碎石成分为泥岩、粉砂岩，棱角状，粒径为 2～8cm，含量平均为 50%～65%。其间充填 35%～50%的黏性土，层厚为 0～5.5m。

(3)强风化粉砂质泥岩(T_2b^2)，紫红色，节理裂隙发育，裂隙倾角为 51°～79°，多闭合，部分张开，无充填或充填钙泥质。岩体破碎，多呈碎石状，块径为 30～80mm，部分呈半岩半土状，该层普遍分布，厚度为 2.0～7.0m。

(4)弱风化粉砂质泥岩夹粉砂岩(T_2b^2)，紫红色，粉砂岩为青灰色，局部夹灰绿色钙质泥岩，薄-中厚层构造，矿物成分为石英、长石和黏土矿物。节理裂隙较发育，裂隙倾角为 60°～90°，岩体较破碎，钻孔中多呈碎块，部分呈碎屑状，少量短柱状。钻孔揭露厚度为 7.3～34.0m。

典型的边坡工程地质剖面如图 8.4 所示。

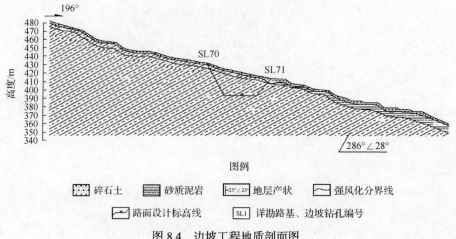

图 8.4　边坡工程地质剖面图

8.2.3　地质构造

根据现场地质调绘结合区域地质资料，边坡区大地构造部位处于新华夏系第三隆起带和第三沉降带的结合部位，属四川沉降褶皱带之川东褶皱带的一部分。总体构造形迹展布方向为北东—北东东向。

区域内褶皱主要为巫山向斜和齐耀山背斜，轴向近东西向，边坡处于齐耀山背斜的南翼。出露地层主要为三叠系中统巴东组第二段(T_2b^2)，倾向西—北西，倾角为 23°～28°。路线走向与地层走向垂直，或大角度相交。局部岩石节理裂隙较发育，岩体多切割成块状。主要发育节理有 L1(46°∠79°)、L2(110°∠56°)、L3(92°∠51°)。节理部分闭合，部分张开，无充填或充填钙泥质，对边坡稳定性影响较小。

8.2.4　水文地质条件

1. 地表水

区内地表水不发育，无常年性地表水体，也未见明显冲沟，只在边坡体东侧有一条南北向季节性冲沟垂直线路走向通过。降雨时一部分通过坡面径流流出边坡，另一部分通过裂隙下渗补给地下水转变为地下径流。

地表水对边坡的影响主要是地表水下渗，增加坡土体的含水量，增大了坡积物空隙水压力，降低岩土体的抗剪强度，影响边坡的稳定性，从而对拟建路线造成危害。

2. 地下水

根据赋存条件和水动力特征的不同，将地下水划分为两类，其活动及影响情况如下：

(1)松散层孔隙水。

第四系坡积层中由于地表径流条件较好，水量较贫乏，部分地段由于地形条件及人工活动，可形成局部上层滞水，但总体来说，这类地下水对边坡影响不大。

(2)碎屑岩类基岩裂隙水。

场地分布巴东组第二段(T_2b^2)粉砂质泥岩夹砂岩，地层本身透水性较差，但地表及浅部风化裂隙发育，透水性较好，该区地下水位较高。地下水接受大气降水补给后，部分作垂向运动，即向基岩深部运移，部分作水平向即沿潜水或承压水位运动，这类地下水对边坡稳定性产生不利影响。

8.3　边坡模型的建立

采用 ANSYS 有限元软件建立边坡模型并进行网格剖分，然后输出模型的单元和节点信息，再通过编制的 ANSYS-FLAC^{3D} 转换程序，将单元、节点信息读入到 FLAC^{3D} 中生成边坡网格模型。为便于计算，模型简化为准三维情况，即单位厚度的三维实体，不考虑断面形状和尺寸在长度方向（Y 方向）上的变化。通过施加 Z 方向的位移约束，实现平面应变条件。同时，为减少人为截断边界对斜坡应力变形分析所造成的影响，模型的范围大大超过了路堑开挖的空间范围，所建的模型空间坐标范围 $X(0，730)$，$Y(0，230)$，坐标单位为 m。考虑到网格密度与计算精度，开挖边界区域网格加密至 2m×2m/单元，共划分了 973 个节点，2710 个单元。在边坡数值模型中，以坡面的开挖面方向为 X 轴方向（向右为正），垂直坡面方向为 Y 轴方向（向内为正），竖直方向为 Z 轴方向（向上为正）。依据工程实际情况，对左侧边坡设置 4 级开挖，对右侧边坡设置 2 级开挖，每级开挖高度为 10m，各级过渡平台宽为 2m。最终在 FLAC^{3D} 中生成的网格模型如图 8.5 所示。

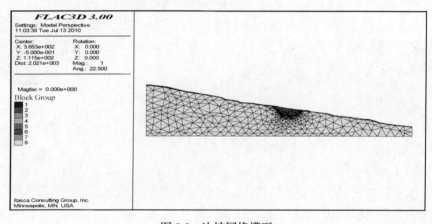

图 8.5　边坡网格模型

根据勘察资料，边坡地层自上而下依次为第四系残坡积土、强风化粉砂质泥岩、弱风化粉砂质泥岩。强风化粉砂质泥岩层在坡体表面具有上部薄、下部厚的特点，在模型左边界至坡体开挖部位平均厚度只有 3.2m 左右，与开挖后形成的边坡高度相比较小，且位于坡体的浅表层，上覆压力小，流变效应不明显[218]，边坡的时效变形主要受弱风化粉砂质泥岩层控制。因此在模型中将强、弱风化粉砂质泥岩层作为一层简化考虑，重点研究弱风化粉砂质泥岩的流变力学特性对边坡变形破坏的影响。

模型的边界条件如下：

（1）模型左右边界在水平 X 方向固定，前后边界在水平 Y 方向固定，即模型边界的水平位移为 0。

(2)模型底部边界 X、Y、Z 三个方向固定，即底部边界的水平、垂直位移为 0。

(3)模型顶部为自由边界。

根据室内试验确定的岩石物理力学参数，Mohr-Coulomb 模型计算参数如表 8.1 所示。

表 8.1　大水田边坡模型岩土材料弹塑性力学参数

材料号	层位	密度 $\rho/(\text{g/cm}^3)$	黏聚力 c/Pa	内摩擦角 $\varphi/(°)$	体积模量 K/Pa	剪切模量 G/Pa	抗拉强度 σ_t/Pa
1	覆盖层	2100.00	2.00×10^5	31.00	2.44×10^8	1.03×10^8	1.00×10^4
2	粉砂质泥岩	2280.00	4.44×10^6	44.00	1.94×10^9	1.01×10^9	1.77×10^6

在 FLAC^{3D} 中使用的变形参数是体积模量 K 与剪切模量 G。因此，需要将弹性模量(或变形模量)E 和泊松比 μ 转换成体积模量 K 与剪切模量 G，转换公式如下：

$$K = \frac{E}{3(1-2\mu)} \tag{8.19}$$

$$G = \frac{E}{2(1+\mu)} \tag{8.20}$$

其中粉砂质泥岩的抗拉强度取值是依据 Mohr-Coulomb 准则的岩体抗拉强度计算公式[219]：

$$R_t = 2c\cos\varphi / (1+\sin\varphi) \tag{8.21}$$

为与流变结果进行比较，分别采用 Mohr-Coulomb 与 Cvisc 两种模型对挖方高边坡进行弹塑性与考虑岩石流变特性的黏弹塑性数值计算，模拟边坡的应力、变形及塑性区，并根据其分布特征和变化规律比较两种方法计算结果的异同，得出高边坡开挖后流变破坏机理。

8.4　边坡初始应力场

确定天然状态下边坡的初始应力场特征，是进行开挖模拟的前提和基础。在该边坡工程中，初始地应力仅考虑自重作用，不考虑构造应力。

在下面的 FLAC^{3D} 计算结果中，压力矢量的表示方法与弹性力学中相同，即"＋"表示拉应力，"－"表示压应力；位移矢量的表示以坐标轴方向为准，以 X、Y、Z 轴正方向为正，负方向为负。

图 8.6 为边坡在天然状态下，系统的不平衡力随迭代时步的变化曲线。可以看出，随着迭代时步的增加，系统的不平衡力逐渐减小并最终趋于 0，表明边坡系统经过应力与变形的调整后，能够达到自我平衡的状态。

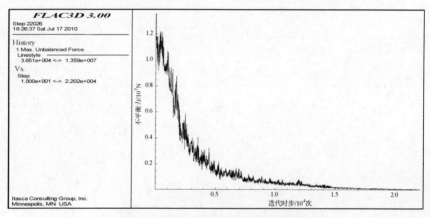

图 8.6　天然状态下不平衡力变化趋势图

图 8.7、图 8.8 为天然状态下边坡的最大主应力与最小主应力分布图，从中可以看出边坡初始应力场具有以下特征。

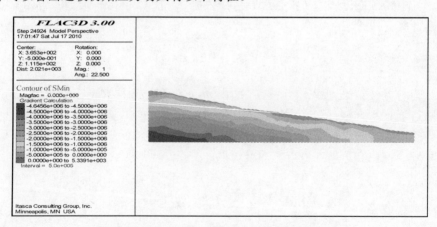

图 8.7　天然状态下边坡最大主应力分布云图

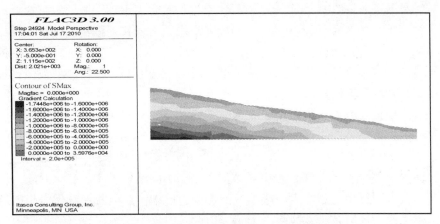

图 8.8　天然状态下边坡最小主应力分布云图

（1）从总体上看，边坡的初始应力场受自重应力控制，应力场的分布与边坡的外形基本保持一致。边坡应力场在破碎的覆盖层中变化幅度较大，而在下部的粉砂质泥岩层中应力值变化相对较均匀。

（2）最大主应力方向在坡体深部与重力方向基本一致，在边坡表层处方向发生偏转，变为与坡面近平行，在坡面部位最大主应力值趋近于 0，在底部边界处，最大主应力 4.65MPa。

（3）在坡体深部最小主应力方向近水平，在坡面处方向发生偏转，变为与坡面近垂直，在坡面部位最小主应力值趋于 0，在底部边界处，最小主应力值达到 1.74MPa。

（4）边坡内的应力均为压应力，即天然边坡不会出现拉破坏区，勘察结果也表明，天然边坡坡体上没有发现拉裂缝。

8.5　边坡开挖弹塑性数值模拟

在进行开挖模拟前，首先将模型的位移场置为 0，即将自重应力所产生的变形除去。然后将被开挖的岩体单元设置为空单元（null），即可模拟开挖过程。开挖荷载瞬时施加，并达到弹塑性平衡状态，此时不考虑岩体的流变效应。

在边坡开挖模拟中，如果将岩体一次性全部开挖完毕，会引起应力激增，从而影响模拟结果的准确性[220]。而在模拟过程中进行分步开挖，每次开挖完毕后进行若干步的迭代运算，但并不使最大不平衡力达到平衡状态，在此基础上进行下一步的开挖模拟。这种分步开挖模拟方式和工程实际开挖情况比较相符，工程开挖时前次应力也并没有完全平衡。因此，采用工程施工中的分布开挖方式模拟边坡岩体随路堑开挖其应力应变的演化过程，使数值模拟结果更符合客观实际。

具体模拟过程如下：左侧边坡第一级开挖→step 2000→左侧边坡第二级开挖→step 2000→左右两侧边坡第三级开挖→step 2000→左右两侧边坡第四级开挖→solve 至收敛。

图 8.9 是在分步开挖过程中系统的不平衡力随迭代时步的变化曲线，可以看出：每次开挖过程都会引起系统不平衡力的增大，但随着迭代时步的增加，不平衡力逐渐减小并最终趋于 0。由此看出整个系统在计算过程中逐步趋于稳定。

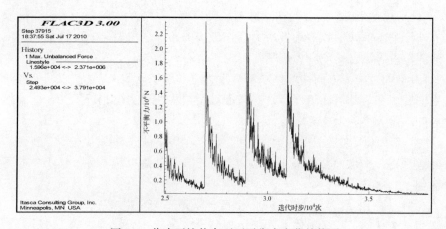

图 8.9　分步开挖状态下不平衡力变化趋势图

鉴于篇幅有限，以下分析只考虑边坡分步开挖完毕后，坡体内的应力、应变和塑性区的分布特征与变化规律。

8.5.1　应力场分析

图 8.10～图 8.15 是坡体开挖后，边坡应力场调整后的最大主应力、最小主应力、剪应力、剪应变增量分布情况。从中可以看出，受工程开挖的影响，边坡应力场具有以下特点：

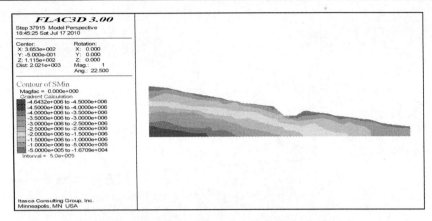

图 8.10 边坡整体最大主应力分布云图(弹塑性)

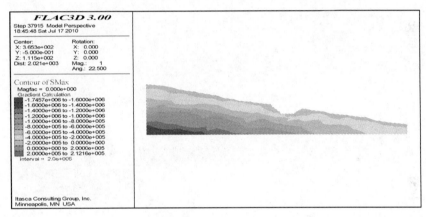

图 8.11 边坡整体最小主应力分布云图(弹塑性)

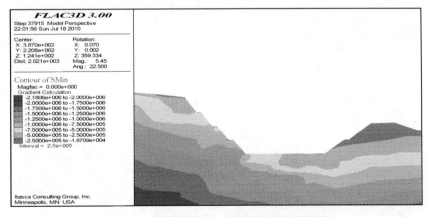

图 8.12 开挖面最大主应力分布云图(弹塑性)

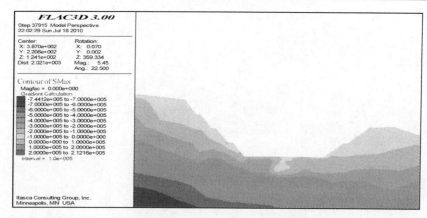

图 8.13　开挖面最小主应力云图(弹塑性)

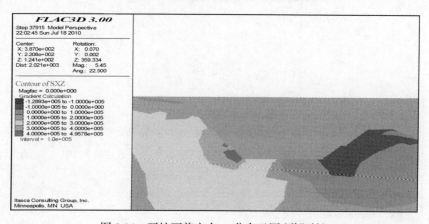

图 8.14　开挖面剪应力 τ_{xz} 分布云图(弹塑性)

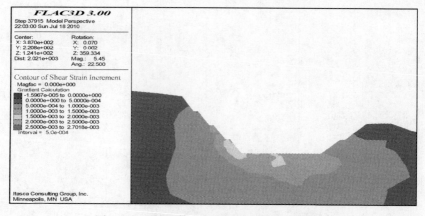

图 8.15　开挖面剪应变增量分布云图(弹塑性)

(1) 如图 8.10、图 8.11 所示，工程开挖后，边坡最大主应力、最小主应力分布特征与天然状态下相比总体上变化不大，开挖后边坡的大主应力最大值 4.64MPa，小主应力最大值 1.75MPa。

(2) 开挖坡面上主应力方向发生了较大偏转。如图 8.12、图 8.13 所示，天然状态时，该部位最大主应力与平均自然坡度近平行，最小主应力与平均自然坡度近垂直；而开挖后最大主应力方向与开挖坡面近平行，最小主应力方向与开挖坡面近垂直。

(3) 随着边坡的开挖，坡体内的应力状态不断调整至与坡面一致，在开挖坡面局部出现应力集中现象，坡脚的主应力值均高于坡顶处相应的应力值。尤其是每级边坡坡脚，存在明显的压应力集中现象，随高程降低，坡脚处应力集中越明显。由图 8.12、图 8.13 可知，当最后一级开挖完后，左右两侧第四级边坡坡脚处应力集中现象非常明显，左侧坡脚处最大主应力约为 1.25MPa，右侧边坡最大主应力约为 0.50MPa，左侧坡脚处最小主应力约为 0.30MPa，右侧坡脚处最小主应力约为 0.20MPa。

(4) 如图 8.13 所示，拉应力最大值为 0.21MPa，拉应力主要分布在左侧边坡覆盖层及左右两侧第一级边坡坡顶。在开挖卸荷区域并未出现明显的拉应力区，开挖坡角处基本上以压应力为主，即边坡若发生破坏，将以"压-剪"破坏模式为主。

(5) 如图 8.14 所示，边坡开挖后，开挖面部位 XZ 方向剪应力分布主要集中左侧第三级、第四级边坡坡体内，其中，第三级边坡坡脚处及第四级边坡坡体内最大剪应力值达 0.50MPa，右侧两级边坡剪应力值达 0.10MPa，表明开挖后边坡坡脚处岩体容易形成剪应力集中区。

(6) 如图 8.15 所示，边坡开挖后，剪应变增量主要分布在左侧第四级开挖面及与路面交接部位，并向坡内延伸呈椭圆形分布。在工程实践中，剪应变增量集中范围通常预示着边坡剪应力作用下的破坏发生部位，即弹塑性模拟结果表明，左侧第四级边坡将是发生剪切破坏的最可能部位。

8.5.2　位移场分析

图 8.16～图 8.22 显示了开挖后，边坡各部位的变形特征。从图中可以看出，工程开挖对坡体的变形有比较显著的影响，具有以下特点：

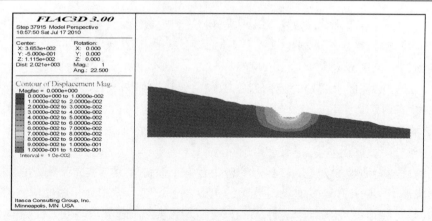

图 8.16　边坡整体总位移分布云图(弹塑性)

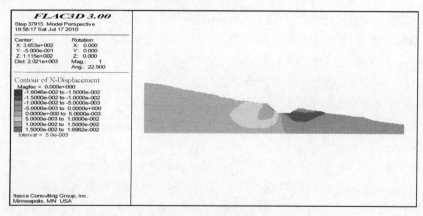

图 8.17　边坡整体水平位移分布云图(弹塑性)

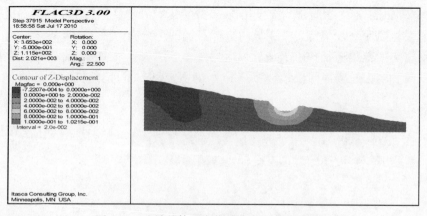

图 8.18　边坡整体竖向位移分布云图(弹塑性)

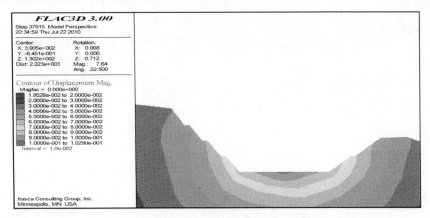

图 8.19　开挖面总位移分布云图(弹塑性)

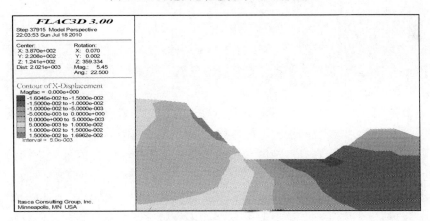

图 8.20　开挖面水平位移分布云图(弹塑性)

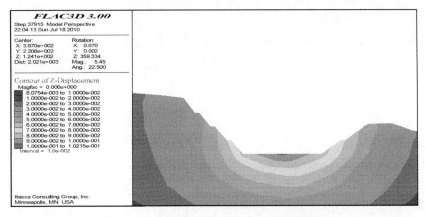

图 8.21　开挖面竖向位移分布云图(弹塑性)

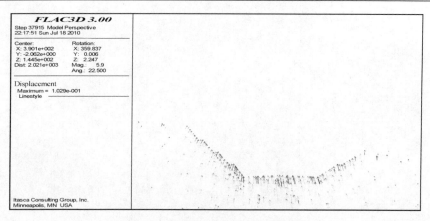

图 8.22　开挖面位移矢量图(弹塑性)

(1)如图 8.16～图 8.18 所示,从总体上看,坡体变形主要集中在开挖面以下的浅表层内,呈拱洞形分布,道路中心部位变形最大,位移值达 10.29cm。在远离开挖面的部位变形相对较小,其变形量一般在 1cm 以下,多数为毫米级。

(2)如图 8.19～图 8.21 所示,边坡在开挖完毕后,开挖面附近岩体发生了明显位移,左侧边坡的最大总位移约为 8.50cm,右侧边坡约为 8.30cm,均出现在第四级边坡坡脚处;左侧边坡的最大竖向位移约为 8.30cm,右侧边坡约为 8.10cm,也出现在第四级边坡坡脚处;左侧边坡向临空面方向的最大水平位移为 1.69cm,出现在第二、第三、第四级边坡浅部岩体中;右侧边坡最大水平位移值为 1.60cm,出现在第四级边坡坡脚处。从总位移与竖向位移的分布及量值来看,两者之间相差甚微,说明此时竖向位移占主导优势,边坡主要以竖向卸荷回弹变形为主。

(3)边坡的开挖引起了岩体发生明显的位移变化,如图 8.22 所示,开挖面处位移矢量均指向临空面。在开挖面的中下部位置位移量较大,从坡面到坡体内部,位移量逐渐由大到小。

8.5.3　塑性区分析

边坡开挖后的塑性区分布如图 8.23 所示。从图 8.23 可以看出,左右两侧边坡顶部局部覆盖层发生张拉破坏。边坡的开挖卸荷对粉砂质泥岩的损伤程度不是很大,仅在左侧第三级边坡顶部及第四级边坡坡体内出现剪切屈服区,是破坏首先发生的部位。右侧边坡粉砂质泥岩层内未产生塑性区。

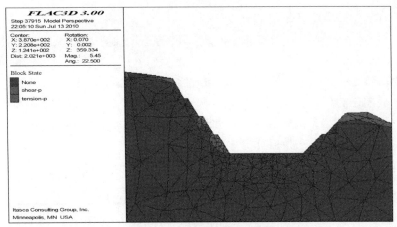

图 8.23 塑性区分布(弹塑性)

8.6 边坡开挖流变数值模拟

在相对稳定荷载的作用下，岩石的应力和应变随时间缓慢发生变化。大量工程实践表明，工程开挖后，边坡岩体的变形不仅表现为弹性和塑性，而且具有流变性质。岩体的变形并不是在瞬间就完成的，而是在边坡开挖后相当长的一段时间内，随时间的推移不断发展变化并逐渐趋于稳定的，这种现象在软岩边坡中更为显著。

受模型本身特性的限制，以 Mohr-Coulomb 为破坏准则的弹塑性模型无法表示岩体应力、应变随时间变化的特性。因此，考虑岩体的时效特性，采用流变力学理论研究边坡应力-应变场随时间变化的特性，对于工程的长期稳定与安全是非常重要的。

室内流变试验结果表明，T_2b^2 粉砂质泥岩属软弱岩石，具有流变效应显著，长期强度低等特征。结合大水田边坡开挖后坡体的时效变形特征，表明考虑粉砂质泥岩的流变性质对于边坡的变形分析是非常重要的。室内蠕变与应力松弛试验表明，可以用 Burgers 模型来描述 T_2b^2 粉砂质泥岩的流变特性。因此，在本节的边坡工程流变分析中，采用 FLAC^{3D} 自带的 Cvisc 黏弹塑性流变模型。覆盖层的参数按经验选取，分析表明，计算结果对覆盖层参数变化不敏感。边坡开挖后，在未设置支护结构的情况下坡体以蠕变变形为主，设置支护结构后变形受到约束，坡体以应力松弛为主。根据第五章的研究结论，在此应力水平下应选取以轴向蠕变辨识得到的 Burgers 模型参数，因此将表5.1中前7级应力水平下粉砂质泥岩蠕变参数的平均值作为大水田边坡岩石材料的流变力学计算参数，如表 8.2 所示。流变计算从弹塑性平衡开始，即先按 8.5 节所述的分步开挖方式进行计算，开挖完毕达到平衡状态后，再进行流变计算，至岩体变形达到稳定状态，不考虑工程中分步开挖之间的时间间隔。

如果将 Cvisc 模型中的 Maxwell 黏性系数 H_1 取为 0，Maxwell 的流变开关将被关闭，对应的岩土材料则只会出现衰减蠕变，即变形随着时间会趋于稳定。根据室内蠕变试验结果，大水田边坡岩体在上覆压力作用下将发生衰减蠕变变形。因此，在数值计算中将 Maxwell 黏性系数 H_1 取为 0，只考虑岩体的衰减蠕变特性，如表 8.2 所示。

表 8.2　大水田边坡模型岩土材料流变力学参数（单位均为 SI 基本单位）

材料号	部位	c/Pa	φ/(°)	K/Pa	σ_t/Pa	H_1/(Pa·s)	H_2/(Pa·s)	G_1/Pa	G_2/Pa
1	覆盖层	2.00×10^5	31.00	2.44×10^8	1.00×10^4	1.00×10^{14}	2.00×10^{12}	1.10×10^8	1.65×10^9
2	粉砂质泥岩	4.44×10^6	44.00	1.94×10^9	1.77×10^6	0.00	1.35×10^{12}	2.17×10^7	1.30×10^8

计算中，蠕变时间设定为 17520h，即 2 年时间，根据计算结果，岩体中的应力变形在这段时间内已趋于稳定。下面的计算结果显示的是考虑时间效应后边坡岩体应力、应变和塑性区的分布特征及其变化规律。

8.6.1　应力场分析

图 8.24～图 8.29 显示了考虑时间效应后，边坡整体最大主应力、最小主应力以及开挖面最大主应力、最小主应力和剪应变增量分布情况。从图中可以看出，边坡应力场随时间增长发生重分布，具有以下特点：

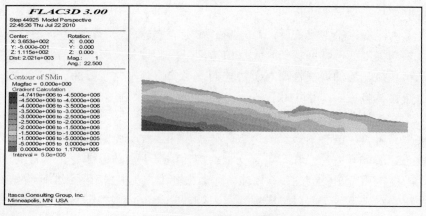

图 8.24　边坡整体最大主应力分布云图（流变）

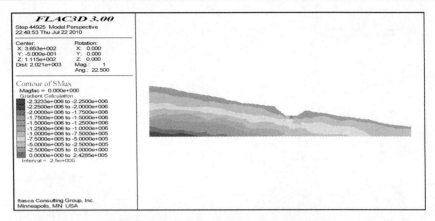

图 8.25 边坡整体最小主应力分布云图(流变)

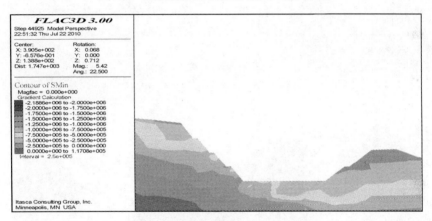

图 8.26 开挖面最大主应力分布云图(流变)

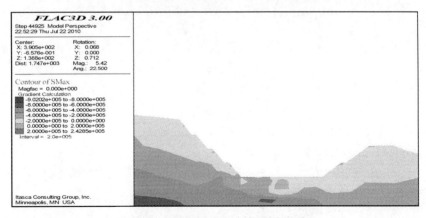

图 8.27 开挖面最小主应力云图(流变)

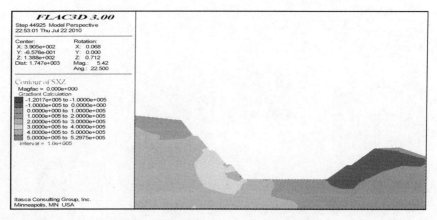

图 8.28　开挖面剪应力 τ_{xz} 分布云图(流变)

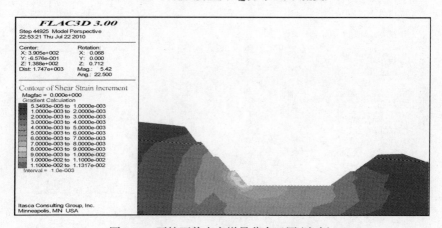

图 8.29　开挖面剪应变增量分布云图(流变)

(1)如图 8.24、图 8.25 所示，在考虑了岩体流变的情况下，边坡的应力分布状况与弹塑性计算结果整体趋势保持一致，但流变计算得出的最大主应力与最小主应力值较弹塑性计算结果略有增加。流变计算得出的大主应力、小主应力最大值分别为 4.74MPa、2.32MPa，比弹塑性计算结果增加了 2.11%、33.12%。在弹塑性计算中，最大主应力均为压应力，最小主应力中拉应力最大值为 0.21MPa，而在流变计算结果中，经过应力调整，最大主应力中出现拉应力，拉应力最大值为 0.12MPa，最小主应力中拉应力最大值为 0.24MPa，比弹塑性计算结果增加了 14.12%。

(2) 如图 8.26、图 8.27 所示,弹塑性计算与流变计算得出的左右两侧第四级边坡坡脚处的大主应力值基本一致,左侧坡脚约为 1.00MPa,右侧坡脚约为 0.25MPa。但小主应力值存在较大差别。弹塑性计算左侧坡脚应力值约为 0.10MPa,而流变计算应力值约为 0.20MPa,比弹塑性计算结果增加了 100%。表明考虑时间效应后,应力进一步向左侧第四级边坡坡脚处集中,对左侧坡体的稳定性将产生不利影响。

(3) 对比图 8.13 与图 8.27 可以看出,弹塑性计算得出路面下部岩体内均为压应力,而考虑时间效应后,经过应力调整,流变计算得出路面中心下约 2m 处出现拉应力区,呈拱洞形分布,拉应力值大小为 0～0.20MPa。拉应力的存在,将使路面下部岩体产生拉伸屈服破坏,从而导致路面逐渐发生破坏。

(4) 对比图 8.14 与图 8.28 可以看出,弹塑性计算中,左侧开挖面处最大剪应力为 0.40～0.50MPa 的分布区域位于第四级边坡坡面后部的椭圆形区域内,而流变计算结果中,剪应力值为 0.40～0.50MPa 的分布区域在坡面上及坡体内均明显减小,分布范围减少近 100%,且在流变计算中,在左侧第四级边坡坡面上靠近坡脚处出现最大剪应力集中条带,与坡面近垂直分布,应力值为 0.50～0.53MPa。表明随时间增加,剪应力值进一步增大,并由坡体内向坡面浅表层处集中,容易导致坡面岩体发生剪切开裂破坏。

(5) 对比图 8.15 与图 8.29 可以看出,弹塑性计算中,剪应变增量最大值为 2.70×10^{-3},位于左侧第四级边坡顶部,流变计算中剪应变增量最大值为 1.13×10^{-2},比弹塑性计算结果增加了 318.80%,位于左侧第四级边坡浅表部位,且分布区域较弹塑性状态进一步增大。弹塑性计算表明,左侧第四级边坡将是发生剪切破坏的最有利部位,该部位的剪应变增量为 1.50×10^{-3}～2.00×10^{-3}。而在流变计算中,左右两侧各级边坡体以及路面处的剪应变增量均大于 2.00×10^{-3}。与弹塑性计算结果相比,考虑时间效应后,两侧坡体发生变形破坏的可能性增大,变形破坏范围进一步增加。

8.6.2　位移场分析

图 8.30～图 8.36 显示了流变计算得出的边坡各部位的变形特征,对比弹塑性计算结果,时间效应对坡体变形有比较显著的影响,具有以下特点:

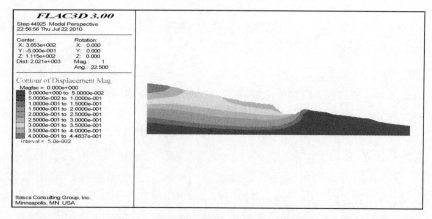

图 8.30　边坡整体总位移分布云图(流变)

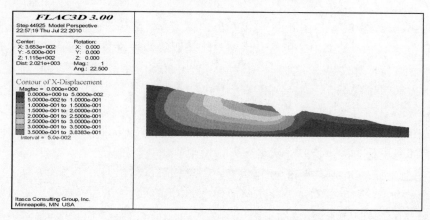

图 8.31　边坡整体水平位移分布云图(流变)

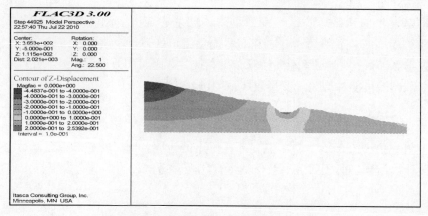

图 8.32　边坡整体竖向位移分布云图(流变)

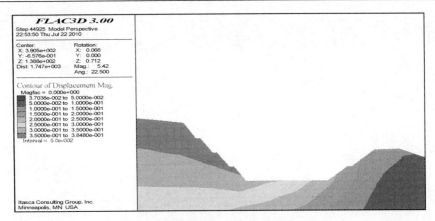

图 8.33　开挖面总位移分布云图(流变)

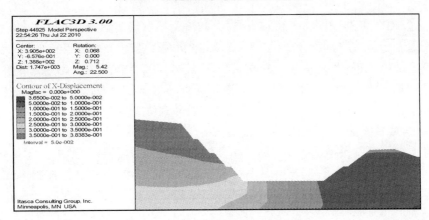

图 8.34　开挖面水平位移分布云图(流变)

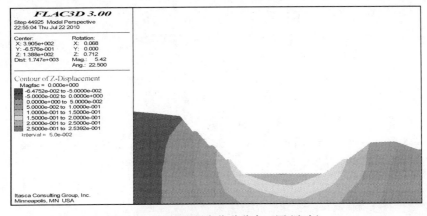

图 8.35　开挖面竖向位移分布云图(流变)

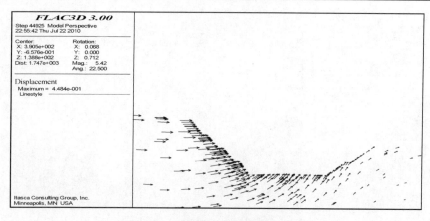

图 8.36　开挖面位移矢量图(流变)

(1)由图 8.30～图 8.32 可知,岩石的流变不仅影响到边坡的位移值,而且也改变了边坡的位移分布模式。坡体的变形不再仅仅集中于开挖面以下的浅表层部位,在模型左边界至开挖面右侧范围内的岩体均产生了较大的变形,位移值均大于 5.00cm。位移自坡面向底部呈环状条带分布,上部位移值大,下部小,在模型底部与右边界处趋于 0。坡体最大变形部位不再位于道路中心部位,而在左侧第一、第二、第三级边坡岩体内变形最大,位移值达 44.83cm,比弹塑性计算结果增加了 335.00%。

(2)如图 8.33～图 8.35 所示,对于左侧边坡,总位移最大值为 38.48cm,是弹塑性计算结果的 4.52 倍,出现在第一、第二、第三级开挖面后长三角形区域内的岩体中;右侧边坡总位移最大值为 20.00cm,是弹塑性计算结果的 2.41 倍,出现在第四级边坡坡脚。左侧边坡水平位移的最大值为 38.38cm,是弹塑性计算结果的 21.80 倍,也出现在第一、第二、第三级开挖面后长三角形区域内的岩体中,该区域在坡后延伸约 60.00m,较弹塑性状态下发生最大水平位移的岩体范围大大增加;而右侧边坡水平位移的最大值为 10.00cm,是弹塑性计算结果的 6.25 倍,同弹塑性计算结果一样也出现在第四级边坡坡脚。左右两侧边坡最大竖向位移仍位于两侧第四级边坡坡脚处,左侧边坡最大竖向位移约 18.30cm,是弹塑性计算结果的 2.21 倍;右侧边坡最大竖向位移约 18.00cm,是弹塑性计算结果的 2.22 倍。从中可以看出,考虑岩石流变的位移值都比不考虑流变的位移值大,最大可增加 21.80 倍。

(3)考虑时间效应后,左右两侧边坡总位移值与水平位移值相差不大,水平位移值明显较竖向位移值大。表明边坡从以竖向卸荷回弹变形为主转变为在自重作用下向临空面方向的蠕变变形为主。

(4) 对比图 8.21 与图 8.35 可以看出, 弹塑性计算中, 左侧第一级边坡顶部竖向位移约为 4.00cm, 而在流变计算中, 其竖向位移值约为-1.00cm, 表明受开挖扰动后, 岩体发生瞬时回弹变形, 之后在自重作用下又产生压缩蠕变变形, 因而竖向位移出现负值。在后面章节的监测点竖向位移随时间变化曲线中, 可以更清楚地看到卸荷回弹—压缩蠕变这一过程。

(5) 如图 8.36 所示, 与弹塑性状态相比, 流变计算得到的位移矢量特征发生了很大变化。位移矢量由指向临空面转变为在左侧坡体处与左侧开挖面方向近垂直, 在右侧坡体及路面处与右侧开挖面方向近平行。在左侧开挖面上部位置处位移矢量较大, 向右侧开挖面方向位移矢量逐渐由大到小变化。

8.6.3 塑性区分析

边坡开挖后的塑性区分布如图 8.37 所示。

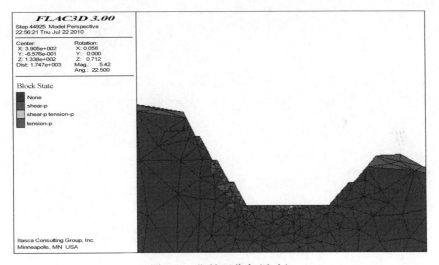

图 8.37 塑性区分布(流变)

考虑时间效应后, 岩体在自重作用下向临空面方向的流变变形加剧了粉砂质泥岩的损伤程度。左右两侧覆盖层张拉塑性区扩大, 开挖面附近岩体以剪切塑性区为主, 左侧第三、第四级边坡坡体内剪切屈服区范围进一步扩大且相互连接, 且在左侧第二级边坡顶部、右侧第四级边坡坡脚处也出现剪切塑性区。同时在道路中心处出现张拉、剪切塑性区。因此, 考虑流变效应后在开挖面部位产生的塑性区范围明显大于不考虑流变时塑性区的范围。

8.6.4　监测点结果分析

在左、右两侧各级边坡的顶、底部设置监测点，以观测边坡开挖后应力变形随时间的变化趋势。共布设了八个监测点，具体位置如图 8.38 所示。在流变计算中记录各监测点位移随时间的变化规律，并记录监测点所在单元体的应力随时间的变化规律，如图 8.39～图 8.43 所示。图中曲线上的数字表示对应的监测点编号。

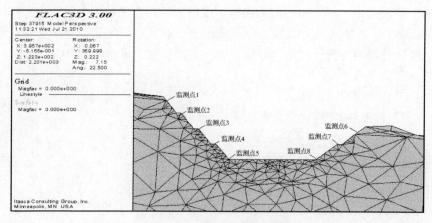

图 8.38　监测点位置示意图

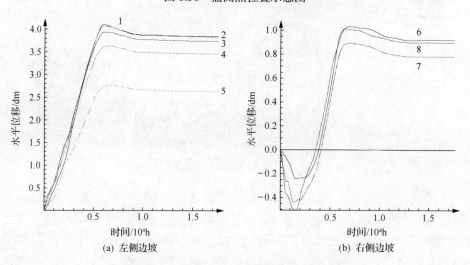

(a) 左侧边坡　　　　　　　　　(b) 右侧边坡

图 8.39　监测点水平位移随时间变化曲线

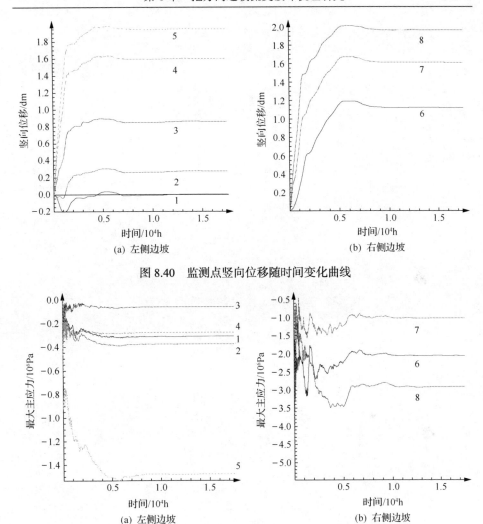

图 8.40 监测点竖向位移随时间变化曲线

图 8.41 单元体最大主应力随时间变化曲线

从图 8.39、图 8.40 可以看出，左右两侧坡体各监测点的变形均具有瞬时弹性变形、减速蠕变特性，监测点的位移在开挖后一段时间内变化较为剧烈，位移增加较快，主要变形都集中在开挖后的 6~7 个月时间内。之后监测点位移随时间继续增加，但增加的速率变缓。在开挖后 12 个月左右时间，随着时间的继续增长，监测点位移趋于稳定，不再有明显变化，蠕变速率为 0。因此开挖后 12 个月的时间界限可以看作是大水田边坡左右两侧坡体变形趋于稳定的时间临界值。在这段时间内应加强监测工作，及时采取支护等加固措施，以确保坡体不出现较大变形而发生突然失稳。

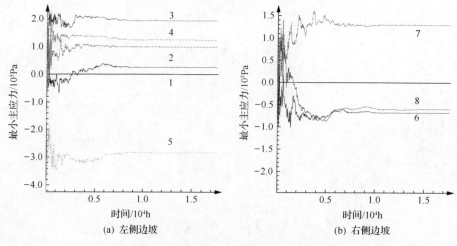

(a) 左侧边坡　　　　　　　　　　　　(b) 右侧边坡

图 8.42　单元体最小主应力随时间变化曲线

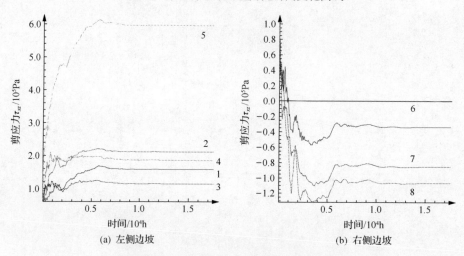

(a) 左侧边坡　　　　　　　　　　　　(b) 右侧边坡

图 8.43　单元体剪应力 τ_{xz} 随时间变化曲线

　　从图 8.41～图 8.43 可以看出，左右两侧坡体内主应力、剪应力随时间的增加不断增长，并最终趋于稳定。这正说明了边坡开挖卸荷后，坡体内的应力场并不是一开始就能达到平衡状态，而是随时间的增加应力不断变化，需要一段时间调整后，坡体内的应力场才能逐渐达到平衡状态。因此考虑岩体的流变特性对于真实反映边坡非线性变形过程是非常重要的。

8.7　本 章 小 节

针对国家重点工程杭兰高速公路巫山至奉节段 T_2b^2 粉砂质泥岩地层中，挖方高边坡时效变形特征显著的问题，以该路段大水田边坡为例，采用 FLAC^{3D} 数值模拟软件对挖方高边坡进行了弹塑性与考虑岩石流变特性的黏弹塑性数值计算，通过对比弹塑性与流变两种方法的计算结果，可以得出如下结论：

(1) 与弹塑性状态相比，流变计算结果表明开挖后坡体内的应力场随时间不断调整，应力进一步向挖方边坡坡脚处集中；在路基岩体内出现明显拉应力区；剪应力值增大，并由坡内向坡面浅表层处集中；剪应变增量的数值与分布范围进一步增加。表明考虑时间效应后，挖方高边坡发生变形破坏的可能性增大，变形破坏范围增加。

(2) 与弹塑性状态相比，岩石的流变不仅影响边坡的位移值，而且也改变了边坡的位移分布模式。坡体的变形不再仅仅集中于开挖面以下的浅表层部位，而在坡体较大范围内产生了比较明显的变形。边坡从以竖向卸荷回弹瞬时变形为主转变为在自重作用下向临空面方向的蠕变变形为主。考虑岩石流变的位移值都比不考虑流变的位移值大，最大可增加 21.80 倍。

(3) 岩体在自重作用下向临空面方向的流变变形加剧了粉砂质泥岩的损伤程度，考虑流变效应后在开挖面部位产生的塑性区范围明显大于不考虑流变时的范围。

(4) 对监测点的位移观测结果表明，监测点在开挖后一段时间内变化较为剧烈，位移增加较快，主要变形都集中在开挖后的 6~7 个月时间内。在开挖后 12 个月左右时间，监测点位移趋于稳定，不再有明显变化。因此开挖后 12 个月的时间界限可以看作是大水田边坡变形趋于稳定的时间临界值。

(5) 对单元体的应力监测结果表明，工程开挖后，坡体内的主应力、剪应力并不是一开始就能达到平衡状态，而是随时间的增加应力不断变化，需要一段时间调整后，坡体内的应力场才能逐渐达到平衡状态。因此考虑岩石的流变特性对于真实反映边坡非线性变形过程是非常必要的，对于岩石工程的长期稳定与安全是非常重要的。

(6) 本章的研究结果表明，对于岩石工程的长期稳定性，考虑岩石的流变效应是非常重要的。考虑流变特性得到的计算结果将对工程的安全更为有利，而不考虑流变特性得到的计算结果偏于安全，将会使工程存在安全隐患。

参 考 文 献

[1] 范广勤. 岩土工程流变力学[M]. 北京: 煤炭工业出版社, 1993.

[2] 郭雪莽. 边坡渐进性破坏的蠕变稳定理论分析[C]//第五届全国岩土力学数值分析与解析方法讨论会论文集, 重庆: 重庆大学出版社, 1991.

[3] 杨挺青, 罗文波, 徐平, 等. 黏弹性理论与应用[M]. 北京: 科学出版社, 2004.

[4] 李华亮, 易顺华, 邓清禄. 三峡库区巴东组地层的发育特征及其空间变化规律[J]. 工程地质学报, 2006, 14(5): 577-581.

[5] 余宏明, 胡艳欣, 张纯根. 三峡库区巴东地区紫红色泥岩的崩解特性研究[J]. 地质科技情报, 2002, 21(4): 77-80.

[6] 余宏明, 胡艳欣, 唐辉明. 红色泥岩风化含砾黏土的抗剪强度参数与物理性质相关性研究[J]. 地质科技情报, 2002, 21(4): 93-95.

[7] 吴益平, 余宏明, 胡艳欣. 巴东新城区紫红色泥岩工程地质性质研究[J]. 岩土力学, 2006, 27(7): 1201-1204.

[8] 腾伟福, 杨冬英, 吴益平. 巴东库段红层地层(T_2b^2)中的滑坡机理与防治对策研究[C]//湖北省三峡库区地质灾害防治工程论文集. 武汉: 湖北人民出版社, 2005.

[9] 殷跃平, 胡瑞林. 三峡库区巴东组(T_2b)紫红色泥岩工程地质特征研究[J]. 工程地质学报, 2004, 12(2): 124-135.

[10] Griggs D T. Creep of rocks[J]. Journal of Geology. 1939, 47(3): 225-251.

[11] Matsushima S. On the Flow and Fracture of Igneous Rocks and on the Deformation and Fracture of Granite Under High Confining Pressure[M]. Kyoto: Disaster Prevention Research Institute Bulletin, 1960.

[12] Jeager J C, Cook N G W. Fundamentals of Rock Mechanics[M]. New York: Chapman & Hall, 1979.

[13] 陶振宇, 潘别桐. 岩石力学原理与方法[M]. 武汉: 中国地质大学出版社, 1991.

[14] 杨建辉. 砂岩单轴受压蠕变试验现象研究[J]. 石家庄铁道学院学报, 1995, 8(2): 77-80.

[15] Xu P, Yang T Q. A study of the creep of granite[C]//Proceeding of International Seminar on Microstructures and Mechanical Properties of New Engineering Materials. Beijing: International Academic Publishers, 1995: 245-249.

[16] 徐平, 夏熙伦. 三峡工程花岗岩蠕变特性试验研究[J]. 岩土工程学报, 1998, 18(4): 246-251.

[17] 王贵君, 孙文若. 硅藻岩蠕变特性研究[J]. 岩土工程学报, 1996, 18(6): 55-60.

[18] 许宏发. 软岩强度和弹模的时间效应研究[J]. 岩石力学与工程学报, 1997, 16(3): 246-251.

[19] 金丰年. 岩石拉压特征的相似性[J]. 岩土工程学报, 1998, 20(2): 31-33.

[20] Marnaini E, Brignoli M. Creep behvaiour of a weak rock: Experimental characterization[J]. International Journal of Rock Mechanics and Mining Sciences, 1999, 36(1): 127-138.

[21] 张学忠, 王龙, 张代钧, 等. 攀钢朱矿东山头边坡辉长岩流变特性试验研究[J]. 重庆大学学报(自然科学版), 1999, 22(S): 99-103.

[22] 王金星. 单轴应力下花岗岩蠕变变形特征的试验研究[D]. 焦作: 焦作工学院硕士学位论文, 2000.

[23] 朱定华, 陈国兴. 南京红层软岩流变特性试验研究[J]. 南京工业大学学报, 2002, 24(5): 77-79.

[24] 赵永辉, 何之民, 沈明荣. 润扬大桥北锚旋岩石流变特性的试验研究[J]. 岩土力学, 2003, 24(4): 583-586.

[25] 李铀, 朱维申, 白世伟, 等. 风干与饱水状态下花岗岩单轴流变特性试验研究[J]. 岩石力学与工程学报, 2003, 22(10): 1673-1677.

[26] 徐素国, 梁卫国, 邵保平, 等. 钙芒硝盐岩蠕变特性的研究[J]. 岩石力学与工程学报, 2008, 27(S2): 3516-3520.

[27] 张耀平, 曹平, 赵延林. 软岩黏弹塑性流变特性及非线性蠕变模型[J]. 中国矿业大学学报, 2009, 38(1): 34-40.

[28] 范秋雁, 阳克青, 王渭明. 泥质软岩蠕变机制研究[J]. 岩石力学与工程学报, 2010, 29(8): 1555-1561.

[29] 汪为巍, 王文星. 金川高应力软岩蠕变特性及破坏形态试验研究[J]. 岩石力学与工程学报, 2014, 33(S1): 2794-2801.

[30] Fujii Y, Kiyama T. Circumferential strain behaviour during creep tests of brittle rocks[J]. International Journal of Rock Mechanics and Mining Sciences, 1999, 36(3): 323-337.

[31] 赵法锁, 张伯友, 卢全中, 等. 某工程边坡软岩三轴试验研究[J]. 辽宁工程技术大学学报, 2001, 20(4): 478-480.

[32] 赵法锁, 张伯友, 彭建兵, 等. 仁义河特大桥南桥台边坡软岩流变性研究[J]. 岩石力学与工程学报, 2002, 21(10): 1527-1532.

[33] Liao H J, Ning C M, Masaru Akaishi. Effect of the time-dependent behaviour on strains of diatomaceous soft rock[J]. Metals and Materials, 1998, 4(5): 1093-1096.

[34] 廖红建, 宁春明, 俞茂宏, 等. 软岩的强度-变形-时间之间关系的试验分析[J]. 岩土力学, 1999, 18(6): 690-693.

[35] 廖红建, 苏立君, 殷建华. 硅藻质软岩的三维黏弹塑性模型分析[J]. 岩土力学, 2004, 25(3): 337-341.

[36] Sun J. A study on 3-D non-linear rheological behaviour of soft rocks[C]//Practice and advance in geotechnical engineering, Shanghai, 2002.

[37] 陈渠, 西田和范, 岩本健, 等. 沉积软岩的三轴蠕变实验研究及分析评价[J]. 岩石力学与工程学报, 2003, 22(6): 905-912.

[38] 刘光廷, 胡昱, 陈凤岐, 等. 软岩多轴流变特性及其对拱坝的影响[J]. 岩石力学与工程学报, 2004, 23(8): 1237-1241.

[39] 万玲. 岩石类材料黏弹塑性损伤本构模型及其应用[D]. 重庆: 重庆大学博士学位论文, 2004.

[40] 张向东, 李永靖, 张树光, 等. 软岩蠕变理论及其工程应用[J]. 岩石力学与工程学报, 2004, 23(10): 1635-1639.

[41] 刘建聪, 杨春和, 李晓红, 等. 万开高速公路穿越煤系地层的隧道围岩蠕变特性的试验研究[J]. 岩石力学与工程学报, 2004, 23(22): 3794-3798.

[42] 徐卫亚, 杨圣奇, 谢守益, 等. 绿片岩三轴流变力学特性的研究(II): 模型分析[J]. 岩土力学, 2005, 26(5): 593-598.

[43] 徐卫亚, 杨圣奇, 杨松林, 等. 绿片岩三轴流变力学特性的研究(I): 试验结果[J]. 岩土力学, 2005, 26(4): 531-537.

[44] 范庆忠, 李术才, 高延法. 软岩三轴蠕变特性的试验研究[J]. 岩石力学与工程学报, 2007, 26(7): 1381-1385.

[45] 梁玉雷, 冯夏庭, 周辉, 等. 温度周期作用下大理岩三轴蠕变试验与理论模型研究[J]. 岩土力学, 2010, 31(10): 3107-3113.

[46] 唐明明, 王芝银, 丁国生, 等. 含夹层盐岩蠕变特性试验及其本构关系[J]. 煤炭学报, 2010, 35(1): 42-45.

[47] 李萍, 邓金根, 孙焱, 等. 川东气田盐岩、膏盐岩蠕变特性试验研究[J]. 岩土力学, 2012, 33(2): 444-448.

[48] 杜超, 杨春和, 马洪岭, 等. 深部盐岩蠕变特性研究[J]. 岩土力学, 2012, 33(8): 2451-2457.

[49] 张玉, 徐卫亚, 王伟, 等. 破碎带软岩流变力学试验与参数辨识研究[J]. 岩石力学与工程学报, 2014, 33(S2): 3412-3420.

[50] 刘志勇, 卓莉, 肖明砾, 等. 残余强度阶段大理岩流变特性试验研究[J]. 岩石力学与工程学报, 2016, 35(S1): 2843-2852.

[51] 梁卫国, 曹孟涛, 杨晓琴, 等. 溶浸-应力耦合作用下钙芒硝盐岩蠕变特性研究[J]. 岩石力学与工程学报, 2016, 35(12): 2461-10.

[52] 张帆, 唐永生, 刘造保, 等. COx黏土岩三轴压缩蠕变特性及速率阈值试验研究[J]. 岩石力学与工程学报, 2017, 36(3): 644-649.

[53] 朱杰兵, 汪斌, 邬爱清, 等. 锦屏水电站大理岩卸荷条件下的流变试验及本构模型研究[J]. 固体力学学报, 2008, 29(S): 99-105.

[54] 闫子舰, 夏才初, 李宏哲, 等. 分级卸荷条件下锦屏大理岩流变规律研究[J]. 岩石力学与工程学报, 2008, 27(10): 2153-2159.

[55] 王宇, 李建林, 邓华锋, 等. 软岩三轴卸荷流变力学特性及本构模型研究[J]. 岩土力学, 2012, 33(11): 3338-3344.

[56] 王军保, 刘新荣, 杨欣, 等. 不同加载路径下盐岩蠕变特性试验[J]. 解放军理工大学学报(自然科学版), 2013, 14(5): 517-523.

[57] 张龙云, 张强勇, 杨尚阳, 等. 大岗山坝区辉绿岩卸围压三轴流变试验及分析[J]. 中南大学学报(自然科学版), 2015, 46(3): 1034-1042.

[58] 黄达, 杨超, 黄润秋, 等. 分级卸荷量对大理岩三轴卸荷蠕变特性影响规律试验研究[J]. 岩石力学与工程学报, 2015, 34(S1): 2801-2807.

[59] 李刚, 梁冰. 孔隙水压力对软岩蠕变规律影响的实验研究[J]. 煤炭学报, 2009, 34(8): 1067-1070.

[60] 王如宾, 徐卫亚, 王伟, 等. 坝基硬岩蠕变特性试验及其蠕变全过程中的渗流规律[J]. 岩石力学与工程学报, 2010, 29(5): 960-969.

[61] 张玉, 徐卫亚, 邵建富, 等. 渗流-应力耦合作用下碎屑岩流变特性和渗透演化机制试验研究[J]. 岩石力学与工程学报, 2014, 33(8): 1679-1690.

[62] 万文, 王敏, 赵延林. 损伤层状盐岩蠕变-渗透的流固耦合实验研究[J]. 中南大学学报(自然科学版), 2016, 47(7): 2341-2346.

[63] 江宗斌, 姜谙男, 李宏. 加卸载条件下石英岩蠕变-渗流耦合规律试验研究[J]. 岩土工程学报, 2017, 39(4): 1807-09.

[64] Sun J, Hu Y Y. Time-dependent effects on the tensile strength of saturated granite at the three Gorges Projection China[J]. International Journal of Rock Mechanics and Mining Sciences, 1997, 34(3-4): 323-337.

[65] 周火明, 徐平, 王复兴. 三峡永久船闸边坡现场岩体压缩蠕变试验研究[J]. 岩石力学与工程学报, 2001, 20(S1): 1882-1885.

[66] 徐平, 丁秀丽, 全海, 等. 溪洛渡水电站坝址区岩体蠕变特性试验研究[J]. 岩土力学, 2003, 24(Sl): 220-222.

[67] 徐平, 杨挺青, 徐春敏, 等. 三峡船闸高边坡岩体时效特性及长期稳定性分析[J]. 岩石力学与工程学报, 2002, 21(2): 163-168.

[68] Xu P, Yang T Q, Zhou H M. Study of the creep characteristics and long-term stability of rock masses in the high slopes of the TGP shiplock, China[J]. International Jomual of Rock Mechanics and Mining Sciences. 2004, 41(S1): 1-6.

[69] 陈卫忠, 谭贤君, 吕森鹏, 等. 深部软岩大型三轴压缩流变试验及本构模型研究[J]. 岩石力学与工程学报, 2009, 28(9): 1735-1744.

[70] 陈芳, 张强勇, 杨文东, 等. 坝区辉绿岩体的长期剪切流变强度分析研究[J]. 四川大学学报(工程科学版), 2011, 43(6): 91-97.

[71] 丁秀丽, 刘建, 刘雄贞. 三峡船闸区硬性结构面蠕变特性试验研究[J]. 长江科学院院报, 2000, 17(4): 30-33.

[72] 杨松林. 不连续岩体弹黏性力学研究[R]. 南京: 河海大学博士后研究报告, 2003.

[73] 侯宏江, 沈明荣.岩体结构面流变特性及长期强度的试验研究[J]. 岩土工程技术, 2003, (6): 324-326.

[74] Derseher K, Hnadley M. E. Aspects of time-dependent deformation in hard rock at great depth[J]. Journal of The South African Institute of Mining and Metallurgy, 2003, 103(5): 325-335.

[75] 沈明荣, 朱银桥. 规则齿形结构面的蠕变特性试验研究[J]. 岩石力学与工程学报, 2004, 23(2): 223-226.

[76] 李志敬, 朱珍德, 朱明礼, 等. 大理岩硬性结构面剪切蠕变及粗糙度效应研究[J]. 岩石力学与工程学报, 2009, 28(S1): 2605-2611.

[77] 沈明荣, 张清照. 绿片岩软弱结构面的剪切蠕变特性研究[J]. 岩石力学与工程学报, 2010, 29(6): 1149-1156.

[78] 张清照, 沈明荣, 丁文其. 绿片岩软弱结构面剪切蠕变本构模型研究[J]. 岩土力学, 2012, 33(12): 3632-3638.

[79] 吴立新, 王金庄, 孟顺利. 煤岩流变模型与地表二次沉陷研究[J]. 地质力学学报, 1997, 3(3): 29-35.

[80] 张春阳, 曹平, 汪亦显, 等. 自然与饱水状态下深部斜长角闪岩蠕变特性[J]. 中南大学学报(自然科学版), 2013, 44(4): 1587-1595.

[81] 刘志河, 郑怀昌, 张晓君, 等. 浅埋灰石膏矿岩单轴蠕变特性试验研究[J]. 化工矿物与加工, 2016, 45(12): 24-28.

[82] 彭苏萍, 王希良, 刘咸卫, 等. "三软"煤层巷道围岩流变特性试验研究[J]. 煤炭学报, 2001, 26(2): 149-152.

[83] 金丰年, 蒲奎英. 关于黏弹性模型的讨论[J]. 岩石力学与工程学报, 1995, 14(4): 335-361.

[84] 邓荣贵, 周德培, 张悼元, 等. 一种新的岩石流变模型[J]. 岩石力学与工程学报, 2001, 20(6): 780-784.

[85] 曹树刚, 边金, 李鹏. 软岩蠕变试验与理论模型分析的对比[J]. 重庆大学学报, 2002, 25(7): 96-98.

[86] 曹树刚, 边金, 李鹏. 岩石蠕变本构关系及改进的西原正夫模型[J]. 岩石力学与工程学报, 2002, 21(5): 632-634.

[87] 韦立德, 徐卫亚, 朱珍德, 等. 岩石黏弹塑性模型的研究[J]. 岩石力学, 2002, 23(5): 583-586.

[88] 陈沅江, 潘长良, 曹平, 等. 软岩流变的一种新力学模型[J]. 岩石力学, 2003, 24(2): 209-214.

[89] 陈沅江, 潘长良, 曹平, 等. 一种软岩流变模型[J]. 中南工业大学学报(自然科学版), 2003, 34(1): 16-20.

[90] 王来贵, 何峰, 刘向峰, 等. 岩石试件非线性蠕变模型及其稳定性分析[J]. 岩石力学与工程学报, 2004, 23(10): 1640-1642.

[91] 赵延林, 曹平, 陈沅江, 等. 分级加卸载下节理软岩流变试验及模型[J]. 煤炭学报, 2008, 33(7): 748-753.

[92] 夏才初, 闫子舰, 王晓东, 等. 大理岩卸荷条件下弹黏塑性本构关系研究[J]. 岩石力学与工程学报, 2009, 28(3): 459-466.

[93] 李栋伟, 汪仁和, 范菊红. 软岩屈服面流变本构模型及围岩稳定性分析[J]. 煤炭学报, 2010, 35(10): 1604-1608.

[94] 叶冠林, 张锋, 盛佳韧, 等. 堆积软岩的黏弹塑性本构模型及其数值计算应用[J]. 岩石力学与工程学报, 2010, 29(7): 1348-1355.

[95] 熊良宵, 杨林德. 硬脆岩的非线性黏弹塑性流变模型[J]. 同济大学学报(自然科学版), 2010, 38(2): 188-193.

[96] 杨文东, 张强勇, 陈芳, 等. 辉绿岩非线性流变模型及蠕变加载历史的处理方法研究[J]. 岩石力学与工程学报, 2011, 30(7): 1405-1413.

[97] 王军保, 刘新荣, 郭建强, 等. 盐岩蠕变特性及其非线性本构模型[J]. 煤炭学报, 2014, 39(3): 445-451.

[98] 王贵君. 一种盐岩流变损伤模型[J]. 岩土力学, 2003, 24(S): 81-84.

[99] 韦立德, 杨春和, 徐卫亚. 基于细观力学的盐岩蠕变损伤本构模型研究[J]. 岩石力学与工程学报, 2005, 24(23): 4253-4258.

[100] 范庆忠, 高延法, 崔希海, 等. 软岩非线性蠕变模型研究[J]. 岩土工程学报, 2007, 29(4): 505-509.

[101] 陈卫忠, 王者超, 伍国军, 等. 盐岩非线性蠕变损伤本构模型及其工程应用[J]. 岩石力学与工程学报, 2007, 26(3): 467-472.

[102] 任中俊, 彭向和, 万玲, 等. 三轴加载下盐岩蠕变损伤特性的研究[J]. 应用力学学报, 2008, 25(2): 212-217.

[103] 胡其志, 冯夏庭, 周辉. 考虑温度损伤的盐岩蠕变本构关系研究[J]. 岩土力学, 2009, 30(8): 2245-2248.

[104] 高文华, 陈秋南, 黄自永, 等. 考虑流变参数弱化综合影响的软岩蠕变损伤本构模型及其参数智能辨识[J]. 土木工程学报, 2012, 45(2): 104-110.

[105] 田洪铭, 陈卫忠, 田田, 等. 软岩蠕变损伤特性的试验与理论研究[J]. 岩石力学与工程学报, 2012, 31(3): 610-617.

[106] 马林建, 刘新宇, 方秦, 等. 联合广义 Hoek-Brown 屈服准则的盐岩黏弹塑性损伤模型及工程应用[J]. 煤炭学报, 2012, 37(8): 1299-1303.

[107] 易其康, 马林建, 刘新宇, 等. 考虑频率影响的盐岩变参数蠕变损伤模型[J]. 煤炭学报, 2015, 40(S1): 93-99.

[108] 周德培. 岩石流变性态研究[D]. 成都: 西南交通大学博士学位论文, 1986.

[109] 周德培. 流变力学原理在岩土工程中的应用[M]. 成都: 西南交通大学出版社, 1995.

[110] 李永盛. 单轴压缩条件下四种岩石的蠕变和松弛试验研究[J]. 岩石力学与工程学报, 1995, 14(1): 39-47.

[111] 邱贤德, 庄乾城.岩盐流变特性的研究[J]. 重庆大学学报(自然科学版), 1995, 18(4): 96-103.

[112] 杨淑碧, 徐进, 董孝璧. 红层地区砂泥岩互层状斜坡岩体流变特性研究[J]. 地质灾害与环境保护, 1996, 7(2): 12-24.

[113] Haupt M. A constitutive law for rock salt based on creep and relaxation tests[J]. Rock Mechanics and Rock Engineering, 1991, 24(4): 179-206.

[114] Yang C H, Daemen J J K, Yin J H. Experimental investigation of creep behvaiour of salt rock[J]. International Journal of Rock Mechanics and Mining Sciences, 1998, 36(2): 233-242.

[115] 冯涛, 王文星, 潘长良. 岩石应力松弛试验及两类岩爆研究[J]. 湘潭矿业学院学报, 2000, 15(1): 27-31.

[116] 唐礼忠, 潘长良. 岩石在峰值荷载变形条件下的松弛试验研究[J]. 岩土力学, 2003, 24(6): 940-942.

[117] 刘小伟. 引洮工程红层软岩隧洞工程地质研究[D]. 兰州: 兰州大学博士学位论文, 2008.

[118] 曹平, 郑欣平, 李娜, 等. 深部斜长角闪岩流变试验及模型研究[J]. 岩石力学与工程学报, 2012, 31(S1): 3015-3021.

[119] 张泷, 刘耀儒, 杨强. 基于内变量热力学的岩石蠕变与应力松弛研究[J]. 岩石力学与工程学报, 2015, 34(4): 755-762.

[120] 苏承东, 陈晓祥, 袁瑞甫. 单轴压缩分级松弛作用下煤样变形与强度特征分析[J]. 岩石力学与工程学报, 2014, 33(6): 1135-1141.

[121] 刘志勇, 肖明砾, 谢红强, 何江达. 基于损伤演化的片岩应力松弛特性[J]. 岩土力学, 2016, 37(S1): 101-107.

[122] 李晓, 王思敬, 李焯芬. 破裂岩石的时效特性及长期强度[C]//中国岩石力学与工程学会第5次学术大会论文集. 北京: 中国科学技术出版社, 1998: 214-219.

[123] 李铀, 朱维申, 彭意, 等. 某地红砂岩多轴受力状态蠕变松弛特性试验研究[J]. 岩土力学, 2006, 27(8): 1248-1252.

[124] 熊良宵, 杨林德, 张尧. 绿片岩多轴受压应力松弛试验研究[J]. 岩土工程学报, 2010, 32(8): 1158-1165.

[125] Schulze O. Strengthening and stress relaxation of Opalinus Clay[J]. Physics and Chemistry of the Earth, 2011, 36(17): 1891-1897.

[126] 田洪铭, 陈卫忠, 赵武胜, 等. 宜-巴高速公路泥质红砂岩三轴应力松弛特性研究[J]. 岩土力学, 2013, 34(4): 981-986.

[127] 田洪铭, 陈卫忠, 肖正龙, 等. 泥质粉砂岩高围压三轴压缩松弛试验研究[J]. 岩土工程学报, 2015, 37(8): 1433-1439.

[128] 周文锋, 沈明荣. 规则齿型结构面的应力松弛特性试验研究[J]. 土工基础, 2014, 28(2): 138-141.

[129] 田光辉, 沈明荣, 李彦龙, 等. 锯齿状结构面剪切松弛特性及本构方程参数分析[J]. 工业建筑, 2016, 46(9): 87-93.

[130] 刘昂, 沈明荣, 蒋景彩, 等. 基于应力松弛试验的结构面长期强度确定方法[J]. 岩石力学与工程学报, 2014, 33(9): 1916-1924.

[131] 田光辉, 沈明荣, 周文锋, 等. 分级加载条件下的锯齿状结构面剪切松弛特性[J]. 哈尔滨工业大学学报, 2016, 48(12): 108-113.

[132] Zischinsky U. On the deformation of high slopes[C]//Proceedings of the First Congress of The International Society of Rock Mechanics, 1966.

[133] Broadbent C D, Ko K C. Rheologic aspects of rock slope failures [C]//Stability of rock Slopes: Proceedings of the 13th Symposium on Rock Mechanics. New York: The American Society of Civil Engineers, 1972: 573-593.

[134] Mahr T. Deep-Reaching gravitational deformations of high mountain slopes[J]. Bulletin of Engineering Geology and the Environment, 1977, 16(1): 121-127.

[135] 刘家应. 黄崖不稳定岩坡位移观测资料的分析研究[J]. 大坝观测与土工测试, 1984, 2: 9-21.

[136] 王士天, 郭广, 苏道刚. 地表条件下岩体的黏性流动变形及其所导致的斜坡破坏[J]. 成都理工大学学报(自然科学版), 1983, (01): 57-64.

[137] 王思敬. 地下工程岩体稳定分析[M]. 北京: 科学出版社, 1984.

[138] Savage W Z, Varnes D J. Mechanics of gravitational spreading of steep-sided ridges ("Sackung") [J]. Bulletin of Engineering Geology and the Environment, 1987, 35(1): 31-36.

[139] 李强, 张倬元. 顺向斜坡岩体弯曲及蠕变-弯曲破坏机制[J]. 成都地质学院学报, 1990, 17(04): 97-102.

[140] 赵其华, 陈明东, 尚岳全. 向阳坪滑坡蠕滑动态分析[J]. 地质灾害与环境护, 1994, (2): 40-44.

[141] 郑哲敏. 21世纪初的力学发展趋势[J]. 力学进展, 1995, 25(4): 433-441.

[142] Deng Q L, Zhu Z Y, Cui Z Q, et al. Mass rock creep and landsliding on the Huangtupo slope in the reservoir area of the Three Gorges Project, Yangtze River, China[J]. Engineering Geology, 2000, 58(1): 67-83.

[143] Furuya G, Sassa K, Hiura H, et al. Mechanism of creep movement caused by landslide activity and underground erosion in crystalline schist, Shikoku Island, southwestern Japan[J]. Engineering Geology, 1999, 53(3): 311-325.

[144] 陈沅江, 潘长良, 曹平, 等. 层状岩质边坡蠕变破坏及其影响因素分析[J]. 勘察科学技术, 2001, (6): 43-48.

[145] Qi S W, Yan F Z, Wang S J, et al. Characteristics, mechanism and development tendency of deformation of Maoping landslide after commission of Geheyan reservoir on the Qingjiang River, Hubei Province, China[J]. Engineering Geology, 2006, 86(1): 37-51.

[146] 刘晶辉, 王山长, 杨洪海. 软弱夹层流变试验长期强度确定方法[J]. 勘察科学技术, 1996, (5): 3-7.

[147] 孙钧, 凌建明. 三峡船闸高边坡岩体的细观损伤及长期稳定性研究[J]. 岩石力学与工程学报, 1997, 16(1): 1-7.

[148] 周维垣, 杨若琼, 剡公瑞. 岩体边坡非连续非线性卸荷及流变分析[J]. 岩石力学与工程学报, 1997, 16(3): 210-216.

[149] 徐平, 夏熙伦. 三峡枢纽岩体结构面蠕变模型初步研究[J]. 长江科学院院报, 1992, 9(1): 42-46.

[150] 徐平, 甘军, 丁秀丽. 三峡工程船闸高边坡岩体长期变形及稳定有限元分析[J]. 长江科学院院报, 1999, 16(2): 31-34.

[151] 夏熙伦, 徐平, 丁秀丽. 岩石流变特性及高边坡稳定性流变分析[J]. 岩石力学与工程学报, 1996, 15(4): 312-322.

[152] 徐平, 周火明. 高边坡岩体开挖卸荷效应流变数值分析[J]. 岩石力学与工程学报, 2000, 19(4): 481-485.

[153] 刘晶辉, 申力, 陈雪松. 软弱泥化夹层蠕变特征与边坡变形分析[J]. 露天采煤技术, 2001, (1): 28-34.

[154] 杨天鸿, 芮勇勤, 唐春安, 等. 抚顺西露天矿蠕动边坡变形特征及稳定性动态分析[J]. 岩土力学, 2004, 25(1): 153-156.

[155] 丁秀丽, 付敬, 刘建, 等. 软硬互层边坡岩体的蠕变特性研究及稳定性分析[J]. 岩石力学与工程学报, 2005, 24(19): 3410-3418.

[156] 张天军. 直立顺层边坡的流变失稳特性研究[J]. 西安科技大学学报, 2005, 25(1): 103-105.

[157] 王志俭, 殷坤龙, 简文星, 等. 三峡库区万州红层砂岩流变特性试验研究[J]. 岩石力学与工程学报, 2008, 27(4): 840-847.

[158] 王永刚, 任伟中, 王春雷, 等. 双层反翘滑坡弯曲蠕变及时效变形特性研究[J]. 岩石力学与工程学报, 2008, 27(S2): 3712-3718.

[159] 张强勇, 杨文东, 张建国, 等. 变参数蠕变损伤本构模型及其工程应用[J]. 岩石力学与工程学报, 2009, 28(4): 732-739.

[160] 谭万鹏, 郑颖人, 王凯. 考虑蠕变特性的滑坡稳定状态分析研究[J]. 岩土工程学报, 2010, 32(S2): 5-8.

[161] 刘造保, 徐卫亚, 金海元, 等. 锦屏一级水电站左岸岩质边坡预警判据初探[J]. 水利学报, 2010, 41(1): 101-106.

[162] 杨根兰, 黄润秋. 西南某水电站坝肩抗力体长期稳定性分析[J]. 工程地质学报, 2011, 19(4): 626-632.

[163] 潘晓明, 杨钊, 许建聪. 非定常西原黏弹塑性流变模型的应用研究[J]. 岩石力学与工程学报, 2011, 30(S1): 2640-2646.

[164] 蒋海飞, 胡斌, 刘强, 等. 考虑岩土蠕变特性的边坡长期稳定性研究[J]. 金属矿山, 2013, 12: 131-135.

[165] 李海洲, 杨天鸿, 夏冬, 等. 基于软岩流变特性的边坡动态稳定性分析[J]. 东北大学学报, 2013, 34(2): 293-296.

[166] 王如宾, 徐卫亚, 孟永东, 等. 锦屏一级水电站左岸坝肩高边坡长期稳定性数值分析[J]. 岩石力学与工程学报, 2014, 33(S1): 3105-3113.

[167] 马春驰, 李天斌, 孟陆波, 等. 节理岩体等效流变损伤模型及其在卸载边坡中的应用[J]. 岩土力学, 2014, 33(S1): 3105-3113.

[168] 李连崇, 李少华, 李宏. 基于岩石长期强度特征的岩质边坡时效变形过程分析[J]. 岩土工程学报, 2014, 36(1): 47-56.

[169] 王新刚, 胡斌, 连宝琴, 等. 西藏邦铺矿区花岗岩剪切流变本构研究及其开挖边坡长期稳定性分析[J]. 岩土力学, 2014, 35(12): 3496-3502.

[170] 程立, 刘耀儒, 潘元炜, 等. 锦屏一级拱坝左岸边坡长期变形对坝体影响研究[J]. 岩石力学与工程学报, 2016, 35(S2): 4040-4052.

[171] 地质矿产部. 长江三峡工程库岸稳定性研究[M]. 北京: 地质出版社, 1988.

[172] 罗先启, 张振华, 程圣国, 等. 三峡库区水库新生型滑坡形成机理和预测评价[R]. 宜昌: 三峡大学, 2005.

[173] 中交第二公路勘察设计研究院. 国家重点公路杭州至兰州线重庆巫山至奉节段施工图设计工程地质勘察总报告[R]. 武汉: 中交第二公路勘察设计研究院, 2005.

[174] 韦立德, 杨春和, 徐卫亚. 考虑体积塑性应变的岩石损伤本构模型研究[J]. 工程力学, 2006, 23(1): 139-143.

[175] 谢守益, 徐卫亚, 邵建富. 多孔岩石塑性压缩本构模型研究[J]. 岩石力学与工程学报, 2005, 24(17): 3154-3158.

[176] 石平五, 高召宁. 顶煤损伤统计力学模型[J]. 长安大学学报(自然科学版), 2003, 23(1): 58-60.

[177] Dems K, Mroz Z. Stability condition for brittle-plastic structure with propagation damage surfaces[J]. Journal of Structural Mechanics, 1985, 13(1): 85-122.

[178] 方德平. 岩石应变软化的有限元计算[J]. 华侨大学学报(自然科学版), 1991, 12(2): 177-181.

[179] 沈新普, 岑章志, 徐秉业. 弹脆塑性软化本构理论的特点及其数值计算[J]. 清华大学学报, 1995, 35(2): 22-27.

[180] 蒋明镜, 沈珠江. 考虑材料应变软化的柱形孔扩张问题[J]. 岩土工程学报, 1995, 17(4): 10-19.

[181] 沈明荣, 石振明, 张雷. 不同加载路径对岩石变形特性的影响[J]. 岩石力学与工程学报, 2003, 22(8): 1234-1238.

[182] 朱珍德, 徐卫亚, 张爱军. 脆性岩石损伤断裂机理分析与试验研究[J]. 岩石力学与工程学报, 2003, 22(9): 1411-1416.

[183] 葛修润, 蒋宇, 卢允德, 等. 周期荷载作用下岩石疲劳变形物性试验研究[J]. 岩石力学与工程学报, 2003, 22(10): 1581-1585.

[184] 卢允德, 葛修润, 蒋宇, 等. 大理岩常规三轴压缩全过程试验和本构方程的研究[J]. 岩石力学与工程学报, 2004, 23(15): 2489-2493.

[185] 郑宏, 葛修润, 李焯芬. 脆塑性岩体的分析原理及其应用[J]. 岩石力学与工程学报, 1997, 16(1): 8-21.

[186] Owen D R J, Hinton E. Finite Elements in Plasticity: Theory and Practice[M]. Swansea: Pineridge Press Limited, 1980.

[187] 刘雄. 岩石流变学概论[M]. 北京: 地质出版社, 1997.

[188] 程谦恭, 胡厚田, 彭建兵, 等. 高边坡岩体渐进性破坏黏弹塑性有限元数值模拟[J]. 工程地质学报, 2000, 8(1): 25-30.

[189] 任光明, 聂德新, 米德才. 软弱层带夹泥物理力学特征的仿真研究[J]. 工程地质学报, 1999, 7(1): 65-71.

[190] Lama R D, Vutukuri V S. Handbook on Mechanical Properties of Rocks, Testing Techniques and Results, volume Ⅲ [M]. Clausthal, Germany: Trans Tech Publications, 1978.

[191] 杨松林, 张建民, 黄启平. 节理岩体蠕变特性研究[J]. 岩土力学, 2004, 25(8): 1225-1228.

[192] 蔡美峰. 岩石力学与工程[M]. 北京: 科学出版社, 2002.

[193] 周光泉, 刘孝敏. 黏弹性理论[M]. 合肥: 中国科学技术大学出版社, 1996.

[194] ISRM. Suggested methods for determining the strength of rock material in triaxial compression[J]. International Journal of Rock Mechanics and Mining Sciences and Geomechanics Abstracts, 1978, 15(2): 47-51.

[195] 徐志英. 岩石力学[M]. 北京: 中国水利水电出版社, 1997.

[196] 何满朝, 景海河, 孙晓明. 软岩工程力学[M]. 北京: 科学出版社, 2002.

[197] 孙钧. 岩土材料流变及其工程应用[M]. 北京: 中国建筑工业出版社, 1999.

[198] Yang W D, Zhang Q Y, Li S C, et al. Time-dependentbehavior of diabase and a nonlinear creep model. Rock Mechanics and Rock Engineering, 2014, 47(4): 1211-1224.

[199] 刘高, 聂德新, 韩文峰. 高应力软岩巷道围岩变形破坏研究[J]. 岩石力学与工程学报, 2000, 19(6): 726-730.

[200] Hayano K, Matsmoto M. Study of triaxial creep testing method and model for creep deformation on sedimentary soft rocks[C]// Proceedings of the 29th Symposium of Rock Mechanics, Japan, 1999: 8-14.

[201] 陈宝林. 最优化理论与方法[M]. 北京: 清华大学出版社, 1989.

[202] 仵彦卿. 地下水与地质灾害[J]. 地下空间, 1999, 19(4): 303-310.

[203] 杨彩红, 王永岩, 李剑光, 等. 含水率对岩石蠕变规律影响的试验研究[J]. 煤炭学报, 2007, 32(7): 695-699.

[204] 谢和平, 陈忠辉. 岩石力学[M]. 北京: 科学出版社, 2004.

[205] 李军世. 黏土蠕变–应力松弛耦合效应的数值探讨[J]. 岩土力学, 2001, 22(3): 294-297.

[206] 朱长歧, 郭见杨. 黏土流变特性的再认识及确定长期强度的新方法[J]. 岩土力学, 1990, 11(02): 15-22.

[207] 尹清杰, 王世梅. 饱和土松弛试验曲线模拟与试验验证[J]. 黑龙江水专学报. 2006, 33(2): 24-26.

[208] 熊军民, 李作勤. 黏土的蠕变-松弛耦合试验研究[J]. 岩土力学, 1993, 14(4): 17-24.

[209] 袁静, 龚晓南, 益德清. 岩土流变模型的比较研究[J]. 岩石力学与工程学报, 2001, 20(6): 772-779.

[210] Singh A, Mitchell J K. General stress-strain-time function for soils[J]. Journal of the Soil Mechanics and Foundations Division, 1969, 95: 1526-1527.

[211] Mesri G, Gebres-Cordero E, Shilds D R, el at. Shear stress-strain-time behavior of clays[J]. Geotechnique, 1981, 31(4): 537-552.

[212] 印长俊. 水泥土流变力学性能的试验研究[D]. 湘潭: 湘潭大学硕士学位论文, 2004.

[213] 陈卫兵. 考虑岩土材料流变特性的强度折减法研究[D]. 武汉: 中国科学院研究生院武汉岩土力学研究所博士学位论文, 2008.

[214] 王旭东. 小湾水电站蚀变岩蠕变力学特性及本构模型研究[D]. 成都: 成都理工大学硕士学位论文, 2008.

[215] 董志宏, 丁秀丽, 邬爱清. 软岩三维黏弹塑性参数辨识研究[J]. 长江科学院院报, 2008, 25(5), 24-28.

[216] 韩冰, 王芝银, 丁秀丽, 等. 大桥隧道锚碇三维黏弹塑性数值模拟[J]. 长安大学学报(自然科学版), 2008, 28(1), 77-80.

[217] 吴银亮. 大水田边坡工程地质勘察报告[R]. 武汉: 中交第二公路勘察设计研究院有限公司, 2005.

[218] 王志俭. 万州区红层岩土流变特性及近水平地层滑坡成因机理研究[D]. 武汉: 中国地质大学博士学位论文, 2008.

[219] 张建国. 水电坝区复杂岩体压缩蠕变参数反演方法及其工程应用[D]. 济南: 山东大学硕士学位论文, 2008.

[220] 李凤明. 高陡岩质露天矿边坡地表移动变形预测与控制方法研究[D]. 阜新: 辽宁工程技术大学博士学位论文, 2007.